青少年探索世界丛书——

多种多样的精确导弹

主编　叶　凡

合肥工业大学出版社

图书在版编目(CIP)数据

多种多样的精确导弹/叶凡主编.—合肥:合肥工业大学出版社,2012.12
(青少年探索世界丛书)
ISBN 978-7-5650-1170-2

Ⅰ.①多… Ⅱ.①叶… Ⅲ.①导弹—青年读物②导弹—少年读物
Ⅳ.①E927-49

中国版本图书馆 CIP 数据核字(2013)第 005300 号

多种多样的精确导弹

叶　凡　著　　　　责任编辑　郝共达

出　版	合肥工业大学出版社	**开　本**	710mm×1000mm　1/16
地　址	合肥市屯溪路 193 号	**印　张**	11.5
邮　编	230009	**印　刷**	合肥瑞丰印务有限公司
版　次	2012 年 12 月第 1 版	**印　次**	2022 年 1 月第 2 次印刷

ISBN 978-7-5650-1170-2　　　　定价:36.00 元

目录

导弹的研究发展史

我国是早期火箭技术的发源地

早期火箭的发源地是中国。公元 10 世纪(宋初),我国制成了世界上第一支火药火箭。火药火箭发展分两个阶段:先是发明了用弩(弓箭)发射的燃烧性火箭。14 世纪中叶(明初),又发明了以火药为动力的火箭,它直接利用火药燃烧喷射气体的反作用力把火箭发射出去。这种火箭的发射原理,直到现在仍被世界各国采用。我国明代发明的火箭种类很多,依其推进器数量可分为单级火箭和多级火箭,这是现代火箭的雏形。

弹的出现

我国的火箭技术,13 世纪传到了阿拉伯,后又传到欧洲。本世纪初,俄国科学家齐奥尔科夫斯基对反作用运动进行了理论上的研究，首先提出了液体火箭设想,论述和预测了用液氧和液氢作为火箭燃料,用燃气舵和仪器控制火箭的问题,为现代火箭的发展奠定了基础。

德国从 1953 年开始了现代火箭和导弹技术的研究,使火箭技术有了新的突破。到 1942 年,以冯·布劳恩为首的火箭专家们研制成功了 V-1 飞航式导弹和 V-2 弹道式导弹。到 1944 年上半年,德国生产了 V-1型

导弹 12000 枚和大量的 V-2 型导弹，并投入西线战场，袭击了英国首都伦敦等重要目标，希特勒妄图用这种新式武器挽救其在第二次世界大战中的失败命运。

这两种导弹的使用，给人们心理上造成了极大的恐慌，引起了各参战国的极大关注，各国科学家和军事家很快意识到，一种威力强大的新式导弹武器已经问世。

导弹技术的发展

美、苏两国在德国投降时，都竞相争夺德国的火箭专家和工程技术人员及技术装备。苏军在占领庇累门特城时，发现了导弹总装厂，俘虏了 4500 名德国导弹工程技术人员，缴获了大量的产品、图纸、资料和机器设备。美国在德国覆灭前夕抢先占领了诺德豪森 V-2 导弹地下兵工厂，把数百名导弹专家和 200 枚 V-2 导弹及大量图纸、资料、机器设备运到了美国。战后，导弹武器便首先在美、苏研制和发展起来。

随着现代科学技术的不断进步，导弹技术也得到了迅速发展，从洲际导弹、反坦克导弹到防空导弹等，应有尽有。到目前，导弹已发展到第四代。

第一代导弹是 20 世纪 40 年代至 50 年代末发展起来的，主要标志是战略导弹和高空防空导弹。为对付日益增多的坦克，研制发展了第一代目视瞄准、手控跟踪、有线制导的反坦克导弹。

第二代导弹是 20 世纪 50 年代末至 60 年代中期发展起来的，主要是提高战略导弹的生存能力。陆基导弹由地面发射改为地下发射；潜射导弹由水面发射改为水下发射。这一时期发展了中、低空防空导弹，改进了反坦克导弹，发展了车载、机载反坦克导弹，提高了机动作战能力。

第三代导弹是20世纪60年代中期至70年代初出现的。针对反导弹武器的出现，美、苏先后研制成了集束式多弹头和分导式多弹头导弹,从而提高了导弹突防和打击多个目标的能力。第三代反坦克导弹，采用激光、毫米波等制导系统,发展了“发射后不管”、由导弹自己追踪并击毁目标的新型反坦克导弹。

第四代导弹是20世纪70年代初到80年代初研制发展的。重点研制机动发射的陆基战略弹道导弹,并加紧了机动式多弹头的研究,进一步提高了导弹的突防能力和命中精度，使其具有摧毁点目标和硬目标的能力。

现在正在研制第五代导弹。

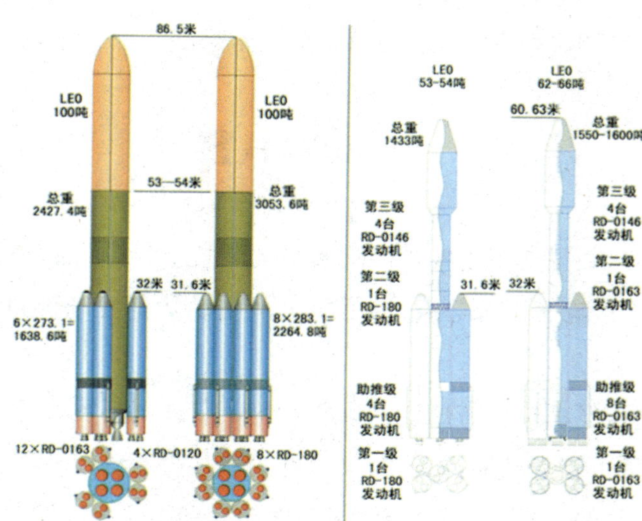

导弹组成

导弹是具有战斗部、动力装置和制导设备的无人驾驶飞行器。它由以下四个主要部分组成。

战斗部

战斗部是导弹用于毁伤目标的装置。它由壳体、战斗装药、引爆装置和保险装置等组成。战斗部可分为常规战斗部和核战斗部。

动力装置

动力装置是用于推进导弹飞行的装置。导弹上的动力装置由发动机、推进剂输送系统等组成。发动机可分为火箭发动机和空气喷气发动机两大类。

火箭发动机自带燃烧剂和氧化剂，工作时不再需空气中的氧气助燃，它既可在大气层内工作，又可在大气层外工作。火箭发动机根据使用推进剂的不同，可分为液体火箭发动机和固体火箭发动机。

空气喷气发动机自带燃烧剂，工作时依靠空气中的氧气助燃，只能在大气层内使用。按其工作时增压方式的不同，可分为涡轮喷气发动机和冲压喷气发动机。

制导装置

制导装置的任务是控制导弹的飞行方向、姿态、高度等，使导弹能稳定和准确地飞向目标。制导装置由探测机构、控制机构和执行机构组成。

弹体

弹体是用于安装弹上各分系统的承力整体结构。它把动力装置、制导装置和战斗部有机地连成一体。弹体要有良好的气动外形，足够的强度，最轻的质量等。

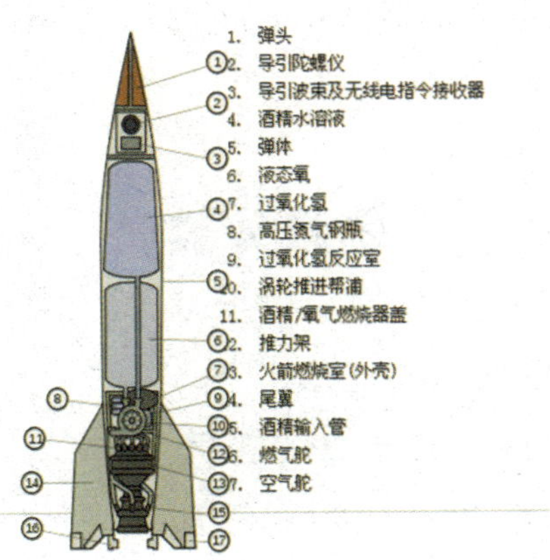

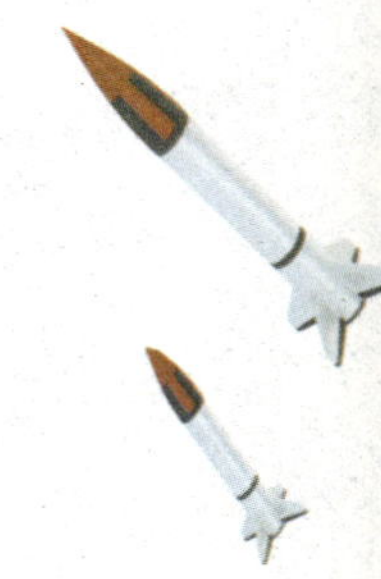

导弹品种分类

作战任务分类

(1)战略导弹:是用于遂行战斗任务的导弹。通常使用核战斗部,由国家最高统帅部直接掌握,用来摧毁敌方纵深内重要战略目标。

(2)战术导弹:是用于遂行战术任务的导弹。主要用于打击敌方战役、战术纵深内的核袭击兵器、集结的部队、重要的军事设施,以及坦克、飞机、舰船、交通和通信枢纽等重要目标。亦可用于直接支援地面部队作战。

射程分类

(1)近程导弹:射程在 1000 公里以内。

(2)中程导弹:射程 1000 至 3000 公里。

(3)远程导弹:射程 3000 至 8000 公里。

(4)洲际导弹:射程在 8000 公里以上。

发射点和攻击目标分类

(1)从地面发射的导弹有:地地、地空、地舰、地潜导弹。

(2)从空中发射的导弹有:空地、空空、空舰、空潜导弹。

(3)从水面发射的导弹有:舰地、舰空、舰舰、舰潜导弹。

(4)从水下发射的导弹有:潜地、潜空、潜潜、潜舰导弹。

飞行轨迹特点分类

(1)弹道式导弹:它的飞行轨迹除了很小一段是发动机工作段之外,大部分是靠惯性飞行的自由抛射体弹道。

(2)飞航式导弹:导弹上装有翼面,依靠发动机推力和翼面的气动升力,在稠密的大气层中飞行,整个飞行过程中,发动机和制导系统一直工作。

非弹道式导弹的飞行轨迹

(1)追踪导引。导弹始终向着目标飞行,飞行弹道总是向着目标运动方向弯曲。

(2)三点重合法导引。导弹在飞行过程中,导弹、目标和制导站始终保持在一条直线上,导弹的飞行轨迹是一条曲线,导弹在接近目标时转弯较急。

(3)方案导引。导弹发射前,预先选定导弹的飞行轨迹,并设计出导弹舵面的偏转规律。导弹发射后即按选定的轨迹飞行,它不再根据导弹与目标的相对位置改变自己的飞行轨迹。单独使用方案飞行弹道的导

弹,不适用于攻击活动目标。

此外,对活动目标攻击,还可采用平行接近法和按比例接近法等导引方式。

弹道式导弹的飞行弹道

导弹在空间运动时,重心运动的轨迹叫做弹道。弹道式导弹的弹道分为主动段(垂直上升段、转弯段和发动机关车段)和被动段(自由飞行段和再入段)两大部分。

(1)垂直上升段。导弹靠火箭发动机推力克服重力和空气的阻力垂直起飞,几秒钟后在制导系统的控制下进入转弯段。

(2)转弯段。导弹在程序机构的作用下,使其由垂直方向缓缓倾向一定角度,弹道呈弧形轨迹。

(3)发动机关车段。导弹将近主动段终点时,发动机关车以控制导弹的飞行速度,这一段导弹飞行方向不变,弹道呈直线。

(4)自由飞行段,可看做真空轨道。导弹头、体分离,弹头上只存有重力和惯性力,按已获速度进入无控抛物线轨道,可作任意倾侧翻转飞行。当弹头到达弹道顶点后开始下降。

(5)再入段。导弹战斗部飞到最后阶段再入大气层,并受空气阻滞而受到制动和趋于稳定,保证了弹头朝下冲向目标。

导弹有哪些特点

射程远

洲际导弹射程可达 16000 公里(苏“SS–18”),能攻击地球上任何区域的目标;反坦克导弹射程达 6000~8000 米 (美“海尔法”),而反坦克火炮最大直射距离只有 2100 米 (苏 125 毫米滑膛炮);防空导弹射程可达 3000~80000 米 (美“爱国者”),而高射炮最大射程仅 21000 米(中国 59 式 100 毫米高射炮)。

精度高

采用先进的制导方式，使导弹命中精度圆概率公算偏差已达到几十米。如美国“潘兴Ⅱ”地地导弹,采用惯性/雷达区域相关制导,圆公算偏差设计为 37 米,实际可达 25 米;美国“先进巡航导弹”ACM,采用地形匹配辅助惯性制导、红外制导或卫星全球定位系统导航,命中精度圆公算偏差不大于 16 米,可有效突击点目标。

威力大

部分战术导弹和全部战略导弹配有核弹头。采用多弹头分导技术，可同时摧毁多个目标，其威力从1万吨至几千万吨TNT当量。如前苏联"SS-18"洲际导弹的威力为2000万吨TNT当量，相当于美国在日本广岛和长崎投下原子弹总当量的500倍。反坦克导弹破甲厚度可达1300毫米("霍特"改进型)。

速度快

战略导弹最大飞行速度可达每秒7公里以上，相当于20倍音速，袭击远距离目标所需飞行时间短。如苏"SS-14"中程导弹，袭击1400公里上的目标，只需14分钟，这是任何常规武器难以实现的。

机动性能好

战术导弹可单兵发射，也可以车载、机载和在舰艇上发射。战略导弹可以是弹道式导弹，也可以是巡航导弹，可在基地发射，也可机动发射。

什么是多弹头技术

弹道式导弹为突防的需要,由单个核弹头发展到多个核弹头,从而大大提高了其突防、生存和毁伤目标的能力。多弹头技术,是在一枚母弹头内装入数枚子弹头,当母弹飞至一定地点后,释放出子弹头,弹头同时攻击一个或多个目标。多弹头一般由母弹头、子弹头及释放机构、突防机构和推进装置等组成。

多弹头技术按弹头有无制导和推进装置可分为集束式、分导式和全导式三种。

集束式

母弹头和子弹头都没有制导和推进装置,不能做机动飞行。当母弹头飞抵弹道上释放后,子弹头同时被释放,并各自沿不同的惯性弹道飞向目标,共同攻击一个区域性的面积目标。如苏“SS-9”导弹配用的集束式多弹头,携有18枚子弹头。

分导式

母弹头装有制导和推进装置, 子弹头无制导和推进装置。导弹的头、体分离后,母弹头内末制导系统开始工作,使母弹头在做机动飞行

中，逐个或同时释放子弹头，子弹头沿不同的弹道攻击不同的目标或相同的目标。如美“海神”导弹配用的分导式多弹头，携有10个5万吨当量的子弹头。

全导式

母弹头和子弹头都装有推进和制导装置。导弹的头、体分离后，母弹头可做机动飞行并适时释放子弹头。每一个子弹头在脱离母弹头后，分别按预先装入的指合做机动飞行，射向预定的目标。全导式多弹头是分导式多弹头的高级形式，其特点是机动和突防能力强，命中精度高，具有毁伤点目标的能力。

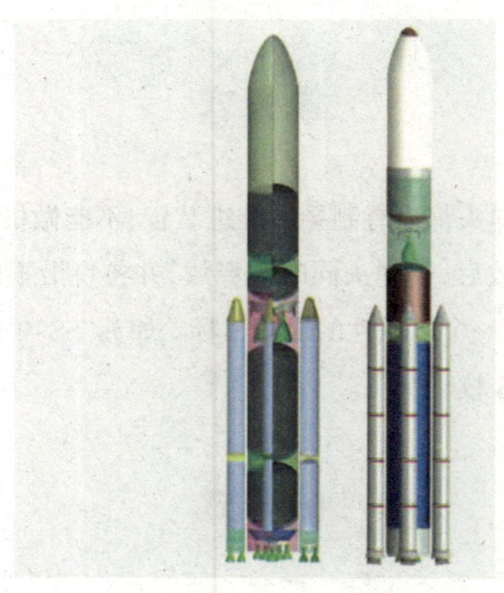

制导系统

制导系统是导引系统和控制系统的总称。导引系统主要用于测量导弹和目标的相对位置及其实际的飞行弹道，计算出导弹沿预定弹道飞行所需的修正量,并输送给探制系统;对导弹绕重心的角运动进行控制的部分叫控制系统。它用于执行由导引系统输给的弹道修正量信号,以保证导弹在该段弹道上稳定飞行。制导系统可分为自主式、遥控式、遥控式和自动导的式制导三大类。

自主式制导

导弹的控制完全自主。导弹发射后不再与弹外设备发生联系,飞行中不依赖目标和制导站,由导弹上的制导设备按预定程度控制自身的飞行轨迹,导弹一经射出,人们无法对其再行控制。采用此种制导方式的导弹,只适用于攻击固定目标。自主式制导按拟定控制信号方法的不同可分为惯性制导、方案(程序)制导、地形匹配制导和星光惯性(天文)制导等。

遥控式制导

遥控制导是以设在地面、海面或飞机上的制导站或制导设备来测定目标和导弹的相对位置,并向导弹发出导引指令。其特点是导弹受控

于制导站，其飞行轨迹可根据目标相对运动情况而随时改变，适用于攻击活动目标。在地空、空地、空空和反坦克导弹上使用较多。按导引信号的不同可分为指令制导和波束(雷达、激光)制导。

自动寻的式制导

自动寻的式制导，即导弹自己寻找、跟踪并击毁目标。它是利用导弹上的接收装置(导引头或位标器)，接收目标辐射或反射的某种能量(红外线辐射、无线电波、光辐射、声波等)，把导弹导向目标的。自动寻的式制导多用于空空、地空导弹上，按其能量来源可分为主动式、半主动式和被动式三种。

复合制导

采用两种以上制导方式对导弹进行制导，它可扬长避短，增大制导距离和增强抗干扰能力，以适于不同条件下的作战使用。常用的复合制导形式有以下几种：

自主制导+自动寻的式制导

自主制导+遥控制导

自主制导+遥控制导+自动导的式制导

遥控制导+自动寻的式制导

德 V-1 导弹

巡航导弹是指依靠空气喷气发动机的推力和弹翼的气动升力，并以巡航状态在大气层内飞行的导弹，又叫做飞航式导弹。在第二次世界大战后期，德国开始秘密研制战略性导弹，为实现其“闪击战”式的军事战略打击做准备工作，并于 1942 年 10 月 13 日下午成功地进行了导弹原理试验。

1944 年，世界上最早的巡航导弹——V-1 导弹研制成功，定名为 FAG-78，因其外形像一架无人驾驶飞机，也有人称它为飞机型飞弹。该导弹是世界上最早的战术巡航导弹，也是现代巡航导弹的雏形。V-1 导弹弹长 7.6 米，弹重 2.2 吨，最大直径 0.82 米，翼展 5.5 米。战斗部装炸药 700 千克；诱导系统是由弹内磁性罗盘和一种特制的机械装置组成；弹内动力系统是由 1 台“百眼巨人”A5-014 脉冲式喷气发动机来完成。

该导弹在发射时，先用弹射器或飞机空中发射，然后用自主式磁陀螺飞行控制系统导向预定高度，以必要的速度在规定的高度和航向上水平飞行，而后向目标俯冲攻击。V-1 导弹的最大飞行速度为 740 千米/小时，射程 370 千米，飞行高度为 2000 米。从 1944 年 6 月 13 日起，德国开始使用该导弹袭击英国，先后共发射了 1 万多枚 V-1 导弹，其中有 50%被英国飞机和高炮等武器拦截，真正落在英国境内的只有 32%。这也是世界上最先用于实战的导弹，以后的巡航导弹都是在它的基础上发展起来的。

美“斯拉姆”AGM-84E巡航导弹

“斯拉姆”AGM-84E 巡航导弹是美国麦道公司负责研制的近程攻击导弹。在 1991 年的海湾战争中,美国海军投放了 7 枚“斯拉姆”AGM-84E 巡航导弹,全部命中目标,一举成为世界上命中率最高的巡航导弹。

1989 年 6 月 24 日, “斯拉姆”AGM-84E 空地导弹首次在太平洋导弹试验中心靶场试验,1990 年开始服役。该导弹除用于攻击海上目标、近海石油平台等目标外,还可攻击大型固定陆上目标。“斯拉姆”AGM-84E 空地导弹除主要装备海军 A-6E 攻击机、F/A-18“大黄蜂”战斗攻击机外;还可装备在美国海军 B-52 战略轰炸机上,使 B-52 轰炸机可执行远程海上巡逻攻击任务。该导弹弹长 4.5 米, 弹径 0.343 米, 翼展 0.91 米,发射质量 628 千克,战斗部为 220 千克穿甲爆破型,使用近炸引信、触发延时引信。采用单轴涡轮喷气发动机,飞行速度为 600 千米/小时,最大射程 100 千米。该导弹是“鱼叉”AGM-84A 空舰导弹的衍生型。

“斯拉姆”AGM-84E 导弹与“鱼叉”导弹相比,突出的特点是攻击精度大大提高,因为这种导弹有两个与众不同之处:一是导弹发射后,中间飞行段为惯性导航,并由全球定位系统(GPS)提供制导,其定位精度达 10 米左右。在海湾战争中,GPS 系统首先被用在“斯拉姆”ACM-84E 导弹的制导上,而当时“战斧”式巡航导弹还没有使用 GPS 系统。二是导弹飞行的末段采用红外成像制导, 目标坐标和数据在攻击前临时输入导弹计算机内,到末段导弹成像系统与机载预先储存数据核准,以便对目

标进行判断、识别和选择，从而使该导弹命中精度达到1米左右。

导弹在发射时，飞机在瞄准线90°范围内发射，如在1500米以上高度发射时，导弹脱离飞机挂架后下降到一定的高度，发动机点火工作，推动导弹飞向目标；如在1500米以下高度发射，导弹则在飞机挂架上直接点火发射。导弹发射后可在61米高度巡航飞行，此时，导弹的自动驾驶仪、高度表、惯性导航系统立即开始工作，并由全球定位系统提供的准确校正信息，使导弹沿正确的航线飞向目标，其精度可达到10米以内。当导弹距目标约15千米时，目标已处在红外成像导引头的探测方位之内，此时红外导引头便自动启动，摄取目标的图像，并把目标实时图像通过数据传输装置传给制导“斯拉姆”导弹的载机。当载机上的监视器显示出目标图像时，便会将其与机载计算机预先储存的目标图像进行核准，并把信息再传给红外导引头。导引头接到指令后立即“锁定”目标的要害部位。到飞行的末段，导弹突然跃升而后俯冲攻击目标。“斯拉姆”导弹的单发命中率达95%以上。

目前，“斯拉姆”导弹已研制出多种型号。一种是AGM- 84H(SLAM-ER)空射增程型，这种导弹是在“斯拉姆”E基本型的基础上的改进型。增程型导弹弹长4.36米，弹径0. 343米，翼展0.91米。导弹头部呈“V”字形，可提高导弹的隐身性能。发射质量比原型要重达725千克，射程也有所提高。其CPS接收机由单通道改为6通道，增强了抗干扰的能力；改进了导弹的软件，加装了图像冻结装置，从而使人工参与目标锁定平均时间从原型的15秒缩短到3秒；采用了新的任务规划系统，使导弹的任务规划从原来的2~3小时缩短到29~60分钟。

另一种是AGM-84H(SLAM-ER)空射远程“斯拉姆” (SLAM-C)导弹，其弹长增大到5.31米，收放式翼展展开为2.43米，发射质量达1100千克，可攻击坚固的水泥设施。

射程又有很大的增加：低空为 180 千米，高空增大到 300 千米。飞行速度仍为亚声速，主要用于大纵深防区外攻击。

第三种是 AGM-84H 海射“斯拉姆”型(SLAM-EB)导弹，它主要是为海军“武库舰”发展计划中重点研究的一种新型水面浮动发射基地而研制的。该海射增强型导弹弹长 5.283 米，弹径 0.344 米，翼展 2.42 米，发射质量 1100 千克，动力装置为涡轮喷气发动机加助推器。采用多种爆破战斗部，使其执行任务的范围更广。其最大射程为 500 千米，巡航高度小于 60 米。巡航速度为马赫数 0.7~0.8。该导弹由舰载垂直发射系统发射，导弹升空后，逐渐进入低空巡航弹道，中段采用惯性导航加上全球定位系统制导，使导弹的制导精度达 13~16 米；进入末段则采用红外成像导引加数据相关传输系统，命中精度高达 3 米。

1995 年 1 月在水面舰艇和太平洋导弹试验靶场，对“斯拉姆”海射型导弹进行了 3 次试射，该导弹拟于 2005 年服役。

美“战斧”导弹

这是美国研制的多用途先进的巡航导弹，也是目前世界上最早采用惯性导航、地形匹配和数字式景象匹配区域相关的复合制导导弹，至今已发展了 18 种不同型号。1976 年开始研制，1982 年装备海军，1983 年装备陆军。这种导弹主要用于攻击陆上严密设防的高价值目标或海上水面舰艇和航空母舰编队。

“战斧”巡航导弹是一种性能很先进的导弹，它采用了许多高新技术。例如，在制导系统中率先采用了地形匹配技术，即在飞行中段采用地形——等高线匹配制导，由雷达高度表在沿航路预定部位产生地形轮廓，将这些地形轮廓与制导计算机中的基准面进行对比，以确定是否需要进行飞行校正。通过几次修正，就可提高导弹的飞行精度。在末段寻的制导阶段，由数字式景象匹配系统产生自然地貌与人造地貌的数字式景象，并将其与计算机内存的景象进行对比。正由于这种地形匹配制导的精度高，所以“战斧”巡航导弹能“按图索骥”，击中千里之外的目标，又可携带核弹头。

对舰攻击型导弹的外形尺寸与对陆攻击型“战斧”基本相同。该导弹带助推器长为 6.24 米，不带助推器为 5.56 米，翼展 2.65 米，发射质量 1500 千克，采用涡轮风扇发动机和一个固体火箭助推器。巡航速度为马赫数 0.75~0.85，巡航高度中段为 15~60 米，末段为 5~10 米。携带高爆穿甲战斗部或常规子母战斗部，总重为 454 千克，最大射程为 1300 千米，海上巡航飞行高

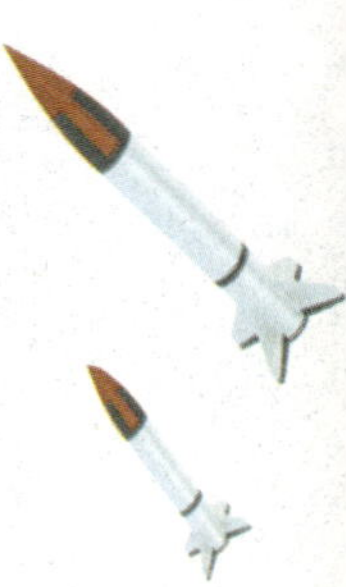

度 7~15 米，最大巡航速度为马赫数 0.72，命中精度仅为30 米。

对陆攻击型战斗部质量为 122.5 千克，携带核弹头的威力大约为 20 万吨 TNT 当量。最大射程为 2500 米，陆上飞行高度 50~510 米，巡航速度为马赫数 0.72。导弹全长 6.17 米，机载型约 5.6 米，弹径 0.527 米。

在海湾战争和科索沃战争中，美国使用的“战斧”导弹主要是对陆攻击型巡航导弹。该导弹炸毁了伊拉克的国防部大楼。美国向伊拉克总共发射了数百枚“战斧”导弹，摧毁了大批坚固的点目标和一些面目标，为打败伊军起到了关键性作用，“战斧”巡航导弹也因此名声大噪，从而也促使美国放弃了要用新的巡航导弹发展计划替代“战斧”导弹的设想。为进一步增大新一代导弹的攻击能力和突防能力，美军正在实施下一步改进计划，即将 500 枚反舰“战斧”导弹改进为具有更高电子对抗能力、掠海飞行能力、末段突防和目标杀伤能力的新型巡航导弹，实施多次袭击的能力。

美“战斧”对陆核攻击导弹

“战斧”对陆核攻击导弹是美国海军研制的多用途核攻击巡航导弹，代号为BGN-109A，是世界上最先进的小型化核弹头巡航导弹，主要用来装备攻击型核潜艇，以执行全球性战区核攻击任务，而且作为一种后备力量而在核战争后期攻击敌方的重要目标。

对于潜射核导弹，为了保证核潜艇工作人员的安全，选择核弹头有其特殊的要求，因此，“战斧”对陆核攻击导弹的核战斗部成为当今世界最先进的小型化核弹头之一。这种核攻击导弹于1972年开始研制，1976年首次试飞，1982年初具作战能力。

该导弹弹长6.17米，弹径0.527米，翼展2.65米，发射质量1.443吨，最大有效射程为2500千米，命中精度为30米，可靠性大于80%。巡航高度为7.6~52米，最大巡航速度为马赫数0.72。主发动机为一台F107-WR-400型涡扇发动机，重65.3千克，最大推力2.67千牛，巡航推力1.333千牛；助推器为固体火箭，重297千克，推力31千牛，工作时间11~13秒。

该导弹制导系统采用麦道公司研制的以地形匹配修正的惯性导航系统。控制系统采用全数字化自动驾驶仪和AN-194型雷达高度表。由于利用地形匹配技术，能使导航位置误差下降为千分之几。当惯性导航系统的累计误差达120米时，便进行位置修正。战斗部全重122.5千克，内装TNT当量可调的20万吨级的W80-0型核弹头。导弹的发射指挥系统为MK17火控系统，采用在潜艇上水平发射的方式。MK17系统在

20 分钟内完成导弹发射前检查和制导设备的校准，并将射击诸元素输入弹上计算机,导弹便自动完成发射前的准备工作。

当导弹从保护箱中水平推出后,助推器点火,导弹从水平飞行转入爬升,4~6 秒后以 50°的倾角冲出水面。助推器工作 12 秒后,燃料耗尽并与弹体分离,启动主发动机,开始控制导弹的飞行姿态和高度。当导弹爬升到最高点 300 米时,便转入巡航状态,保持巡航高度继续飞行。

“战斧”对陆核攻击巡航导弹从发射到转入巡航状态大约需要 60 秒。进入陆地后,先用地形匹配系统作一次航向修正,以后每隔一段时间便修正一次。接近目标时,用高精度数字地图进行最后的修正,以精确保证导弹的命中精度。

早期的巡航导弹与短程空对地导弹是可以相互取代的,因此 B52G 型或 H 型轰炸机可以在内部发射舱装上 8 枚并在外部搭挂 12 枚。这种需求影响了它的弹身造型,而成为三角形并有可收缩的平衡翼、尾翼及引擎空气输入口。到了 1976 年，科学家决定将系统修改成接近 AGM-109 战斧(Tomahawk)空对地导弹的模样,但是关于导引系统部分则并未相同。1976 年 5 月 5 日,AGM-86A 型巡航导弹在白沙导弹测试场(White Sands Missile Range)第一次试飞,最初五次试飞并不太顺利。因而决定予以改良,在 1980 年决定增长 30%的弹身且增加燃料量,并命名为 AGM-86B 型巡航导弹。这一型在相同的弹头下增加了 2 倍射程,而其测试亦相当成功。最后的结果：军方在 1980 年订购了 3418 枚,稍后并增为 3780 枚。两种新的导弹现正在开发中：先进巡航导弹(Advanced Cruise Wis-sile),与第二代短程攻击导弹(Short-Range Attack Missile，SRAM)。这两型导弹都会比它们的前任来得好,特别是先进巡航导弹将结合匿踪的科技。

巡航导弹部署在 B-52C 型、B-52H 型与 B-1 轰炸机上。

德 V-2 导弹

1939~1942 年，在著名火箭专家冯·布劳恩的领导下，德国开始研制世界上第一发地地弹道导弹——V-2 导弹。1942 年 10 月 3 日，试验发射成功；1943 年，装备部队；1944 年 9 月 6 日，德军进行第一次实弹发射；9 月 8 日，德军又用此导弹袭击了英国首都伦敦。它是世界上首先用于实战的弹道导弹，但由于当时技术上还不成熟，约有 40%的导弹偏离了轨道。因此，这次爆炸仅炸死 2 人，炸伤数人。

V-2 导弹弹长 14 米，弹径 1.6 米，弹重 14000 千克，战斗部装炸药 750 千克，结构质量约 4000 千克，采用液体燃料火箭发动机，惯性制导，推进剂的 75%为酒精 3500 千克和液氧 5000 千克，最大推力为 270 千牛，最大速度相当于声速的 5 倍。起飞质量约 13000 千克，最大飞行速度 6120 千米/时，射程约 240~370 千米，弹道高 80~100 千米，发射质量 12900 千克。这种导弹比 V-1 导弹先进，是弹道主动段为自主控制的单级弹道导弹。可以这样说，它是现代远程导弹和宇宙火箭的先驱，也是弹道导弹的鼻祖。

自德国 1944 年研制成功弹道式导弹以来，至今已发展到了第四代。第一代是 20 世纪 40 年代中期至 50 年代末，这一代导弹多采用液体火箭发动机，单弹头，发射准备时间长，命中精度低。第二代是 20 世纪 50 年代末至 60 年代初，多采用固体推动剂，其命中精度有所提高。第三代是 20 世纪 60 年代中期至 70 年代初，其主要特点是采用多弹头。

第四代是 20 世纪 70 年代初至 80 年代，此代导弹可机动存放、机动发射,命中精度高,威力大。目前,第五代洲际导弹也正在研制过程中,这一代导弹将向着智能化方向发展,其机动性将更大,命中精度和威力也将大大提高。

美“大力神”Ⅱ型弹道导弹

这种导弹的最大飞行速度为27360千米/时(7600米/秒),是世界上速度最快的导弹。

美国的“大力神”Ⅱ型地地洲际弹道导弹代号SN-68C,属于美国第二代战略导弹,主要用于攻击地面战略目标,如大型硬目标、核武器库等。该导弹是针对美国第一代液体导弹的缺点而在“大力神”Ⅰ型导弹的基础上发展起来的。美国战略空军司令部原先装备了“宇宙神”和“大力神”两种大型液体火箭发动机的洲际弹道导弹。它们由马丁公司于1960年6月开始研制，“大力神”Ⅰ型1962年装备部队;改进后的“大力神”Ⅱ型于1963年底开始装备部队。这种导弹是美国核武器库中保存最久的一种液体火箭战略导弹,也是美国第一代最大的远程导弹。它能在地下井中贮存和发射,能装一种美国核当量最大的氢弹战斗部。虽然“民兵”导弹装备部队后,美国空军原打算撤销全部液体燃料洲际导弹,但美国空军还是决定保留6个“大力神”Ⅱ型导弹小队,总共54枚导弹,它们于1987年全部退役。

“大力神”Ⅱ型导弹设置在美国亚利桑纳州戴维斯·蒙赞空军基地、堪萨斯州麦康内尔空军基地和阿肯色州小石城空军基地。导弹全长33.52米,弹径3.05米,起飞质量149.7吨,起飞推力1912千牛,射程11700千米，命中精度(CEP)0.93千米，反应时间60秒，发射成功率85.7%。

这种导弹的动力装置由两级发动机组成，使用液体推进剂。一级发动机采用两台 LR87-AJ-5 型发动机，额定推力为 1912 千牛，工作时间 165 秒。二级发动机采用 LR91-AJ-5 型发动机，高空推力为 445 千牛，工作时间 210 秒。该导弹采用全惯性制导系统，主要设备有液浮陀螺、摆式加速度表和外撑式数字计算机，整个制导系统总重 130 千克。该导弹采用 MK6、MK6A 单弹头，这是美国 20 世纪 60 年代初研制的烧蚀式弹头，重 3.5 吨，采用高强度铝合金的圆柱形等直径弹体。战斗部为钝锥形，无弹翼和尾翼。

制导与控制装置采用 AC 电子公司的惯性制性系统。第一级由两个摆动喷管控制，第二级由一个摆动喷管控制。热核战斗部质量为 3500 千克，装有 1000 万吨级 TNT 当量的核。

"大力神"Ⅱ型洲际弹道导弹采用直接从地下并发射的方式，井深 44.5 米，井直径 16.7 米。导弹发射后弹上的制导系统立即开始工作，并根据惯性测量装置得到的信息，制导计算机不断发出指令，导弹通过姿态控制按预定弹道飞行，在主动段终点关机并控制导弹头体分离，此后弹头按被动段弹道飞行。每枚导弹携带的再入飞行器在它已燃烧完毕的第二级分离前，其飞行速度和轨迹由 4 台小的游动火箭发动机来修正。由于它装有先进的突防辅助设备，从而使敌方反弹道导弹发现和摧毁它都非常困难。

俄"撒旦"SS-18导弹

俄罗斯第四代战略弹道导弹"撒旦"SS-18的弹径为3.355米，是目前世界上导弹弹径最粗的导弹。该导弹弹体长36.6米，起飞质量为220吨，采用两级可贮存液体火箭发动机和惯性制导系统，其最大标准射程1500千米，命中精度440米，可携带8~10个分导式多弹头，单个弹头威力约为50吨TNT当量，因而它又是世界上最大型和威力最大的洲际导弹。

该导弹由地下井冷发射。弹体在出厂时呈水平状态装入发射筒，运至阵地时先装入地下井，弹头和末助推舱由专用运输车运到阵地，然后在地下井中与弹体对接。根据美俄《第二阶段削减战略武器条约》的限制，这种导弹在条约生效以后应予销毁。

这是世界上最早的俄罗斯"警棍"SS-6导弹的一种陆基洲际弹道导弹，又称为"警棍"导弹，前苏联代号为P-7,1954年开始研制，1957年首次试飞成功，1959年开始服役。

这种导弹的命中精度低，可靠性差，反应时间长，弹体大而笨重，生存能力差，当时仅装备了10枚，后来于20世纪60年代初期退役。但该导弹却为前苏联发展运载火箭打下了基础。1957年10月4日，世界第一颗人造地球卫星就是用它来发射的。若把它增大一或两级就可组成"东方"、"联盟"和"闪电"运载火箭，可用来发射各种航天器。

该导弹弹长30米，弹径8.5米，翼展10.3米，起飞质量300吨，起

飞推力 4030 千牛，射程为 8000 千米，命中精度 (CFP)为 6 千米。导弹的动力装置由中央的芯级和周围四个助推器组成。芯级直径 2.95 米，助推器长 19 米，底部直径 3 米。主发动机为一台 PⅡ–108 液体火箭发动机和四台游动发动机，主机工作时间 274 秒，真空推力 930 千牛。每个助推器有一台 PⅡ–107 液体火箭发动机和两台游动发动机，地面推力达 820 千牛，工作时间为 120 秒。

“警棍”SS–6 属于单弹头导弹，重 3 吨，核当量 500 万吨，采用无线电制导，发射方式为地面发射。

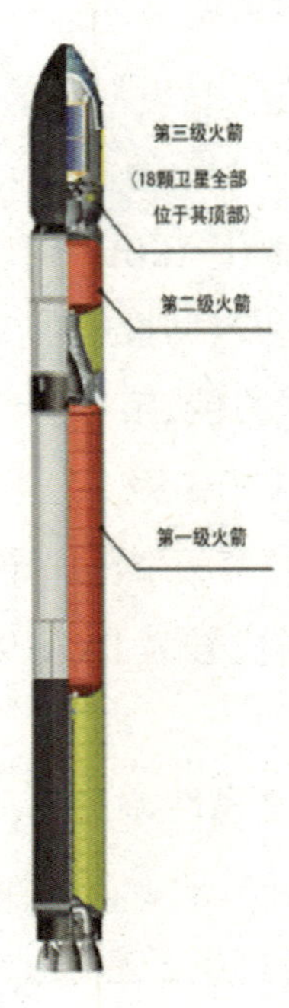

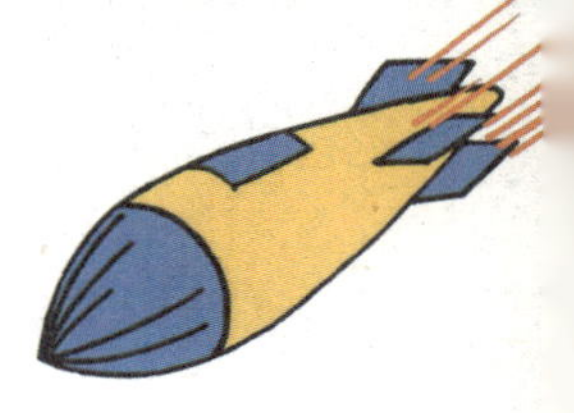

美"和平卫士"MX导弹

"和平卫士"MX 导弹采用惯性制导方式。导弹全长 21.6 米，弹径 2.34 米，弹头长 4402 毫米，起飞质量 86.4 吨，投掷质量 3.6 吨。战斗部重 2578 千克，包含 10 个 50 万吨级 TNT 当量的分导核弹头，每个重 194 千克。可按不同弹道分别命中目标，射程 11100 千米，命中精度(CEP)90 米，具有打击(硬)点目标能力，是当今世界上精度最高的一种洲际导弹。

它是美国第四代洲际弹道导弹，装有大型固体火箭发动机，代号 MGM-118A。1983 年正式定名为"和平卫士"，是一种战略威慑作用的新型战略武器，1986 年装备部队。同年底，第一批 10 枚导弹服役。1987 年 7 月，有 14 枚导弹进入战斗准备状态。1987 年底，在加固的"民兵"Ⅲ导弹地下井中部署了 28 枚，计划于 1988 年底将 50 枚导弹部署完毕。1986 年 12 月 9 日，决定将另外 50 枚导弹采用铁路机动部署方式，计划购买 25 列火车，每列装 2 枚导弹。1987 年 9 月，美国空军与波音公司签订合同，要求该公司设计铁路部署方案，空军期望导弹铁路发射系统在 1991 年底初具作战能力，1993 年 50 枚导弹全部部署完毕。

由于对 MX 导弹的发展，特别是关于它的部署方式争议较大，该方案经过反复修改变化，因而其研制时间最长。从 1971 年提出研制任务到 1983 年 6 月 17 日首次飞行试验成功，前后共用了 12 年多的时间。计划总投资达 332 亿美元，每枚导弹售价 6637 万美元。在美俄第二次《削减战略武器谅解协议》中，MX 导弹仍是美国继续保留下来的陆基战略

导弹。

其动力装置为四级火箭发动机,第一至第三级为固体火箭发动机、机壳体均采用凯夫拉 49 纤维缠绕。第四级为液体火箭末助推级发动机。第一级发动机长 8.44 米，直径 2.34 米，总重 48.3 吨，推进剂重 33.611 吨,真空助力为 2213 千牛,喷管为潜入摆动弹喷管,工作时间 60 秒;第二级发动机长 5. 598 米,直径 2.34 米,总重 27.32 吨,允许喷管摆动±6°,推力为 1332.8 千牛,工作时间 55 秒;第三级发动机长 2.33 米,直径 2.34 米,总重 7.85 吨,推力为 343 千牛;末助推级有一台提供轴向推力的主发动机和 8 个自控发动机,主发动机重 645 千克,推力为 13.2 千牛,工作时间为 175 秒。发动机可双向摆动,摆角±15℃。

这种导弹既可以采用地下井发射,也可以机动发射。井下发射时,用蒸汽发生器把导弹从井内弹射出来，到达 30 米高度时发动机才点火。1985 年 8 月 23 日,在美国范登堡空军基地的“民兵”导弹地下井内进行了首次发射试验,并获得成功。

美“三叉戟”Ⅱ导弹

“三叉戟”Ⅱ导弹是由美国洛克希德导弹与空间公司合作研制生产的第三代潜地弹道导弹。它由潜艇发射，最大射程 11100 千米，是目前世界上射程最远的潜地弹道导弹。

美国海军从 1971 年起执行水下远程导弹研制计划，最初研制的“三叉戟”I 导弹于 1979 年 10 月装备部队。1984 年开始研制性能更好的“三叉戟”Ⅱ导弹，1987 年 1 月在陆基平台上进行了首次飞行试验，到同年 10 月共进行 5 次飞行试验，均获得成功。1990 年 3 月，开始装备部署。到 1994 年底，美国海军已有 7 艘核潜艇装备了“三叉戟” Ⅱ导弹，共配备 168 枚导弹。到 20 世纪末，美国海军至少装备 20 艘“俄亥俄”级导弹核潜艇，每艘装 24 枚导弹。

导弹全长 13.9 米，弹径 2.08 米，最大起飞质量 37.2 吨，投掷质量为 2300 千克。它具备攻击包括硬点目标在内的各种目标的能力，是用来摧毁敌方重要战略目标的海基威慑力量。每枚导弹可装 8~12 个 MK4/W76 子弹头，单个子弹头威力约为 47.5 万吨 TNT 当量，能摧毁前苏联最硬的地下发射井。

该导弹动力装置为三级固体火箭发动机和一个末级助推控制系统。第一、二级在“三叉戟”I 的基础上有较大的改进：第一级壳体材料改用石墨/环氧树脂，助推剂改为聚乙二醇/硝化甘油；第二级发动机采用可延伸的碳/碳喷管出口锥，动力装置还包括一台第三级分离发动机。而

第三级没用改动，仍沿用“三叉戟”I 导弹的第三级发动机。制导与控制系统采用惯性制导，命中精度相当高，CEP 为 90 米。它的惯性制导测量装置采用 2 个双轴动力调谐绕性陀螺、3 个摆式积分陀螺加速表和 1 个新设计的星光监控器。美国海军计划建成一支由 24 艘装有“三叉戟”Ⅱ导弹的潜艇组成的海基威慑力量，在大西洋和太平洋执行战略巡航任务。该导弹精度高而有效载荷大，它攻击硬目标的效能要比“三叉戟”I 导弹高三四倍。

英国在 20 世纪 60 年代就同美国签订过有关协议，约定由美国向英国提供部分核潜艇和导弹。因此，英国也有“三叉戟”Ⅱ导弹，但其核弹头是英国自行研制的。根据美俄《第二阶段削减战略核武器条约》的规定，在条约生效后，“三叉戟”Ⅱ导弹所携带的子弹头数将由 8~12 枚减少到 4 个。

俄"飞毛腿"B战术弹道导弹

弹道导弹是当今世界上最受人们关注的武器之一。在目前世界各国装备的50多种不同类型的弹道导弹中,名声最大的恐怕要数俄罗斯的"飞毛腿"导弹了。这是因为"飞毛腿"导弹在导弹家庭中资历最老,而且也是目前世界上最普及的战术弹道导弹。在当前已装备弹道导弹的35个国家中,有21个国家装备了"飞毛腿"导弹,可见它普及之广了。

"飞毛腿"导弹是在第二次世界大战结束后不久,由前苏联的科罗廖夫设计局利用所缴获的德国V-2导弹和俘虏的德国导弹科学家和工程师设计的。最初设计的是"飞毛腿"A型导弹,1955年装备部队,是世界上最早的战术弹道导弹。这种导弹为单级液体导弹,使用煤油和硝酸作为液体推进剂,射程仅为180千米,命中精度为3千米,带一个当量为5万吨的核弹头。

1958年,前苏联将"飞毛腿"A型改进成代号为SS-N-1B的世界上第一个潜射弹道导弹,装在C级潜艇上。接着,前苏联于1962年在"飞毛腿"A型导弹的基础上研制成功"飞毛腿"B型导弹。从1965年6月起,该导弹出口到华沙条约多个成员国和多个中东国家。据估计,前苏联共生产了约7000枚"飞毛腿"B型导弹。

后来,在"飞毛腿"B型导弹的基础上,苏联和其他一些拥有该导弹的国家纷纷研制出该导弹的改进型,如前苏联研制的"飞毛腿"C型导弹和"飞毛腿"D型导弹,伊拉克研制成功的"侯赛因"导弹和"阿巴斯"导弹,朝鲜于20世纪80年代末研制成功的"劳动"I型导弹等,使"飞毛腿"导弹及其改进型成为世界上拥有国家最多的弹道导弹。

俄“白杨”-M导弹

“白杨”-M 导弹被西方称为 SS-27 导弹，是俄罗斯历史上第一种自行研制和生产的导弹系统，也是俄罗斯固体燃料弹道导弹进一步改进过程中的重大进步，“白杨”-M 导弹可以认为是俄军工企业的新生儿。该导弹是一种中型单弹头陆基机动洲际弹道导弹，其制导控制系统是当今世界最先进的人工智能系统。它技术先进、可靠性高、飞行速度快、突防能力强，可令敌人防不胜防。该导弹装备了克服反导弹防御系统的最先进手段，即反拦截手段，专门对付美国正在斥巨资研制的国家导弹防御系统 (NMDL)。因此，“白杨”-M 导弹真正成了当今世界上第一个 NMD 的克星。

该导弹是 SS-25 导弹的改进型。1994 年 12 月 20 日，“白杨”-M 导弹进行了首次试射。1997 年 7 月 8 日，在普列谢茨夫靶场“白杨”导弹进行了第 4 次试射。接着，于 1998 年 12 月 9 日在普列茨克发射场对“白杨”-M 导弹进行了第 6 次发射试验，导弹按预定轨迹准确击中了靶场目标。这最后一次发射试验的目的在于对这种面向 21 世纪的最新型战略导弹的飞行技术参数做最后的鉴定。

“白杨”-M 导弹系统在研制、试验过程以及在其战术技术性能指标中都创造了多个“第一”，甚至在世界上也是首次。如第一次为高防护性的井基和机动陆基发射装置制造了标准化统一的导弹；首次使用了新型试验系统，借助它可检验导弹系统在地面和飞行状态各系统和组件

的工作状态和可靠性，从而可大大缩小传统试验规模，减少费用，同时又不降低导弹系统研制和试验的安全性。

“白杨”-M 导弹之所以引起世界的关注，主要是因为它是当今世界技术最先进的洲际弹道导弹。该导弹为单弹头，采用惯性加星光修正制导方式。该导弹弹长 22.7 米，弹径 1. 95 米，导弹发射质量 47.2 吨，投掷质量 1200 千克，射程超过 10500 千米。单弹头当量约为 55 万吨级，命中精度为 350 米，反应时间为 60 秒。

“白杨”-M 导弹的最大特点是：在目前和今后相当长一段时间里，反弹道导弹无法将其击落。其原因有以下几方面：

(1)飞行速度加快。由于该导弹使用了 3 台功率强大的固体火箭发动机，其飞行速度比现有俄制导弹速度都快，大大缩短了导弹在轨迹主动段的飞行时间和高度，增大了穿透力；同时它还有数十台辅助发动机，加上操纵系统和设备，使这种快速飞行的导弹很难被敌方辨别。

(2)电磁隐蔽性好。“白杨”-M 导弹几乎完全没有对电磁脉冲的敏感性，在该导弹试射过程中，尽管美国的侦察卫星极力进行跟踪，但导弹的信号还是躲过了美电子侦察系统的监视。

(3)先进的隐身措施。据说，“白杨”-M 导弹的前锥体部分可放置起欺骗作用的物体。当发射时，这些干扰物将使反导弹系统看到“数千枚弹头”，使其难以从那些假弹头中区分出真弹头。俄罗斯计划在 21 世纪初部署 300~350 枚“白杨”-M 导弹系统，这些导弹有井下发射和公路机动发射两种型号。

美“侏儒”导弹

“侏儒”导弹是美国新研制的小型固体洲际战略导弹，能在公路上机动，以提高导弹的射前生存能力，主要用来打击导弹地下井。该导弹也是目前世界上最早采用全程制导的洲际战略导弹。20 世纪 90 年代，它与 MX 导弹、“民兵”Ⅲ导弹一起成为美国战略核威慑力量的重要组成部分。

该导弹于 1983 年开始研制，同年美国空军成立“侏儒”导弹计划局。1986 底，首次飞行试验失败。1992 年，第二次试验取得成功。由于受美俄《第二阶段削减战略武器条约》的影响，该型导弹并没有正式服役。

该导弹弹长 16.15 米，弹径 1.17 米，起飞质量 16.8 吨，射程 10000~12000 千米，命中精度 146~182 米，弹头核当量 500 万吨。其动力装置为多级固体火箭发动机。第一级发动机由联合技术公司化学系统分公司研制，发动机长 5.64 米，直径 1.168 米，重 8.165 吨，采用先进的高能固体推进剂，用高强度石墨环氧树脂复合材料制造机壳；第二级发动机由空气喷气战略推进公司试制，采用碳/碳喷管，壳体用石墨纤维绕成，并于 1985 年 2 月试用，推力达 182.47 千牛，工作时间 41.7 秒；第三级发动机由联合技术公司研制，长 2.03 米，直径 1.17 米，重 1.54 吨，采用可延伸喷管。

制导系统采用全程制导方案，即主动段制导采用 MX 导弹制导系统的改进型，称为轻型高级惯性参考球制导系统；中段制导采用“三叉戟”I 导弹的 MK-5 星光惯性制导系统，重约 60 千克；末段制导采用末端定

位系统的末制导装置，能使弹头在目标区内机动，消除主动段和中段的制导误差，使导弹在9750千米的射程中命中精度达到30米。弹头采用MX导弹的MK21核弹头，重达194~206.4千克，威力约为30~50万吨级。这种弹头能机动躲开反导弹攻击而确保精确命中目标。

"侏儒"导弹与"和平卫士"导弹一样，也携带MK21/ W87核弹头。该导弹还配备有能与发射车始终保持联络的指挥、控制、通信、计算机和情报系统，同时还能利用载于飞机上的发控中心作支援。

美国目前正在研制重型的"侏儒"导弹，并在不影响导弹机动性的条件下，准备增大该导弹的战斗载荷和突防装置。

美“民兵”Ⅲ洲际弹道导弹

美国研制的“民兵”Ⅲ导弹是世界上最早采用分导式多弹头技术的洲际导弹。它属于第三代弹道导弹，是“民兵”Ⅱ导弹的改进型。这种弹道导弹是美国“三位一体”战略核力量中的一支重要的陆基核威慑力量。该导弹于1964年进行方案论证，1966年开始研制，1968年8月首次飞行试验。1970年6月至1975年6月完成部署，共部署550枚，于1978年停产。

该导弹弹长18.26米，弹径1.67米，起飞质量35.4吨，起飞推力912千牛，投掷质量902千克。“民兵”Ⅲ导弹携带3枚MK12A/W78核弹头，子弹头落点间距离可达60~90千米，甚至更远，单个弹头威力达34万吨TNT当量，具有打击多个硬点目标的能力。其最大射程为9800~13000千米，最大弹道射高1216千米，最大飞行速度为马赫数19.7，命中精度为185~405米，反应时间为32秒。

“民兵”Ⅲ导弹采用三级固体火箭发动机，通过加固地下井发射，命中精度比“民兵”Ⅱ导弹提高一倍。制导系统为NS-20惯性制导，该系统总重110千克，平均无故障时间为9600小时。采用G10B动压气浮自由转子陀螺，漂移率为0. 005°/时。NS-20采用混合显式制导，对各项系统误差进行了修正补偿，并改进了地球物理参数的精度，还用末助推系统来修正主动段积累误差。

这种导弹有两种分导式多弹头，已有250枚导弹采用MK-12型弹

头。该弹头有 3 枚核 TNT 当量为 17.5 万吨的子弹头，其核装置代号为 W62，突防舱中有金属箔条干扰丝和诱饵。另有 300 枚导弹头用 MK-12A 型弹头，它是 MK-12 的改进型。这种弹头含有 3 枚核当量为 33.5 万吨的子弹头，其核装置代号为 W-78。MK-12A 改进了制导系统软件，使命中精度提高一倍。

美国从 1982 年开始对“民兵”Ⅲ导弹、发射井和发射控制中心部分设施实施了一体化延寿计划，进一步地提高了导弹武器系统的可靠性、可维修性和作战效率，并进一步提高导弹的命中精度，使其命中精度提高了 25%。到 1985 年底，已有 400 枚完成了改进工作。

目前，现役的 500 枚“民兵”Ⅲ导弹总共可携带 2000 枚核弹头，根据美俄《第二阶段削减战略核武器条约》的规定，“民兵”Ⅲ导弹将拆除其分导多弹头，改用 MK21/W87 型单弹头。

俄"橡皮套鞋"导弹

"橡皮套鞋" 导弹是俄罗斯研制的反弹道导弹的导弹武器系统,代号 ABM-1B。它是世界上最早的,也是当前唯一正在运转的反弹道导弹武器系统,主要用于拦截洲际弹道导弹或低轨道卫星。

1957 年开始研制,1964 年开始在莫斯科防区部署, 1969 年正式投入使用,在莫斯科周围建立 4 个导弹发射场,共有 64 枚"橡皮套鞋"导弹。每个导弹发射场均有很先进的预警雷达和跟踪设备。其中,有一种被北约称为"鸡舍"的雷达,它的尺寸有三个足球场排列起来那么大,而作用距离相当于美国"卫兵"导弹所能达到的距离。

该导弹采用无线电指令制导。导弹最大作战半径 640 千米,最大作战高度 320 千米。导弹全长 15.5 米,发射筒长约 20 米,弹径 2.04 米,发射筒直径 2.75 米,战斗部重 2.5 吨,起飞质量 32.5 吨,平均速度 3.36 千米/秒。战斗部采用核装药战斗部, 核当量为 100~200 或 300~500 万吨 TNT,有效杀伤半径为 6~8 千米。动力装置为一台固体助推器加一台液体火箭发动机,助推器推力约为 2053 千牛,燃烧时间约为 20 秒。

"橡皮套鞋"导弹的武器系统只能对付小规模的导弹袭击,不能对付大批的、装有多弹头或装有先进突防装置的来袭导弹。尽管俄罗斯对该导弹进行了改进, 如使导弹末级液体火箭发动机在空中可以多次熄火和重新点火,以提高导弹的机动性和突防能力。但是,由于该导弹的探测设备较落后,仍不能抗击大规模导弹的袭击。为此,俄罗斯仍在对

该导弹的各个分系统进行改进，以期提高其拦截来袭导弹的能力。

俄反导弹防御系统

俄罗斯在莫斯科防空区建造了目前世界上最大的反导弹防御系统,被西方称为“世界第八大奇迹”。

这个反导弹防御系统的任务是发现并跟踪入侵的洲际弹道导弹和其他类似的目标,并指挥反导弹导弹对目标进行拦截,防止来袭目标的核战斗部命中目标。该反导弹防御系统设有多功能无线电雷达站,还有一个计算机控制中心和若干反导弹发射井 (其中一种是用于发射在高空、甚至在太空中拦截目标的远程导弹;另一种是可发射高速中程导弹的发射井)。系统在核爆炸的情况下仍能出色工作,它能抵御核辐射和爆炸性杀伤。

庞大的莫斯科反导弹防御系统有数千个房间,电缆总长几万千米,自来水管道上千千米。管道上面有数万个水阀——它们为各种设备的正常工作输送质量、成分和温度各不相同的水。防御系统有 8 个发射场,装备 32 部 ABM-1B“橡皮套鞋”反导弹系统。另外,还配备有 SH-01 高空拦截导弹(拦截距离为 700 千米左右),以及用于高空远程拦截和大气层拦截的 SH-08、SH-04 和 SH-11 拦截导弹等。

该防御系统从发现目标到摧毁敌导弹战斗部的整个过程实行自动化控制。弹道导弹按最佳攻击路线从发射到莫斯科防空区，通常需要 11~30 分钟(如从美国国土发射需要 30 分钟)。在这段时间内,首先借助雷达导弹发射地,判断其攻击方向和地点,并将所得目标指示数据传送

给反导弹防御系统。然后，再对来袭导弹进攻方向进行检验。随后，系统进入战斗状态。多功能无线电雷达从众多真伪难辨的目标区分出“假”目标：哪些不带核弹头战斗部，哪些是积极干扰目标等。然后，雷达对核装置的目标实施跟踪，并指示反导弹导弹进行导弹拦截。

美国军界曾对这个反导弹防御系统评价说，“在10年内，西方任何一个同类系统都不能达到这样的水平”。

俄"飞毛腿"导弹

第二次世界大战后，世界各国研制的50多种弹道导弹中，唯一经过实战检验的就是前苏联研制的"飞毛腿"弹道导弹，它也是实战中用的最多的弹道导弹。

20世纪80年代的两伊战争时期，伊拉克和伊朗分别用"飞毛腿"、改型的"侯赛因"导弹和"飞毛腿"B型导弹攻击对方的大城市。在长达52天的导弹袭城大战中，伊拉克发射了189枚"侯赛因"导弹，造成伊朗1000多人死伤，成为战争史上用弹道导弹相互攻击的首次战争。

1979年，前苏联武装入侵阿富汗，并将大量的"飞毛腿"导弹运到阿富汗，提供给阿富汗政府用来对付阿富汗游击队。从1989年至1991年的近两年时间内，阿富汗政府向游击队发射了1000多枚"飞毛腿"导弹，这是世界战争史上动用弹道导弹数量最多的一次战争。

1986年的美国和利比亚的军事冲突中，利比亚为报复美国对利比亚的空袭，用两枚"飞毛腿"导弹袭击美军设在意大利兰佩杜萨岛上的一个美军基地，但没有击中目标。

在1991年的海湾战争中，伊拉克共发射了88枚"飞毛腿"改进型导弹——"侯赛因"导弹和"阿巴斯"导弹。其中，46枚发射到沙特阿拉伯和其他海湾国家，42枚发射到以色列，使多国部队官兵和沙特、以色列两国人民心理上产生了巨大的恐慌。以色列十几万人离城疏散，一人一个防毒面具，形影不离；而多国部队动用相当大的军事力量——卫星、侦

察系统、航空兵、导弹、特工人员等去搜寻它、摧毁它。即使这样，伊拉克的“飞毛腿”导弹还是不断袭来，使得多国部队收复科威特的地面进攻日期不得不推迟了 3 个星期。

在 1994 年初的内战中，南也门军队先向北也门军队占领的地区发射了 5 枚前苏联提供的“飞毛腿”B 型导弹，后又向也门首都萨那市郊发射了 1 枚“飞毛腿”B 型导弹，从而使“飞毛腿”导弹首次成为一个国家内战的工具。

1994 年，伊朗向流亡在伊拉克的伊朗圣战者游击队的一个基地发射了 3 枚“飞毛腿”B 型导弹，炸毁了一些建筑物，但没有造成人员伤亡。

美苏《反导条约》

1972年5月26日，美国总统尼克松与前苏联领导人勃列日涅夫在莫斯科签订了世界上第一个《限制反弹道导弹系统条约》，简称《反导条约》。条约的主要内容是：每方可部署2个反弹道导弹防御系统，分别保卫首都和一个洲际导弹发射场；限制改进已有反导弹系统的技术，双方保证不研制、试验或部署以海洋、空中、空间为基地以及陆地机动的反弹道导弹系统及其部分。条约无限期有效，如一方退约，需提前6个月通知对方。

美苏签订这一条约的主要目的是禁止任何一方建立全面的国土战略导弹防御体系和拥有攻防兼备的核能力，从而打破核力量均衡态势。当时，美苏双方已经认识到，如果某一方建立起了有效的反导系统，就会大大削弱对方进攻性核武器的打击效果，无形中提高了自己的战略进攻能力。

在《反导条约》签订30年后的2002年，美国不顾国际国内的强烈反对，一意孤行，坚持发展“国家导弹防御系统”(NMD)计划，单方面退出了《反导条约》，使《反导条约》成为一张废纸，从而暴露了美国威胁世界和平的霸权主义行径。

美洲际弹道导弹

2005年，美国五角大楼完成了MX“和平卫士”洲际弹道导弹的退役工作。MX“和平卫士”洲际弹道导弹服役了近20年。

2001年，五角大楼《核态势评估报告》(NPR)呼吁保留MX“和平卫士”导弹发射井，而不是按《美苏第二阶段削减战略武器条约》所要求的那样予以销毁。美国还可以将MX“和平卫士”导弹作为空间发射运输工具、目标工具或进行调整。MX“和平卫士”导弹的550枚W87弹头将暂时被保存起来，按照于今年启动的安全增强再入飞行器(SERV)计划，其中一部分将最终取代“民兵Ⅲ”洲际弹道导弹上的W62弹头。所有W62弹头在2009年退役。“民兵”导弹可以携带一到两枚具有W87弹头的安全增强再入飞行器，但显然不能同时携带三枚。据专家估计，总共将有200枚W87弹头将用于补充“民兵Ⅲ”洲际弹道导弹上的W78弹头。具备完全作战能力的安全增强再入飞行器在2010年秋天部署完毕。

俄 SS-11 导弹

SS-11 洲际弹道导弹(前苏联的定名不详)于 1966 年开始服役,并发展成三种型式。本型导弹较民兵式导弹稍长但宽厚许多,因此可携带一较大型的弹头。它的两节推进火箭均使用可储存式液态燃料,第一节有 4 副平衡翼。1971 年第一阶段战略武器限制协议 (Strategic Mms Limo~gion Talk,SALT) 谈判中,同意 SS-11 洲际弹道导弹可部署进 970 个掩体,包括 66 个新建的。

一型具有单一大型弹头,一度传闻其当量高达 2000 万吨。二型是前者的改良,具有较佳的射程、投掷重量、辅助穿透装置及较精确的弹头。三型是前苏联第一种配备多弹头重返大气层载具的陆基洲际弹道导弹,1969 年侦测其具有 3 枚弹头。1973 年,60 枚 SS-11 三型洲际弹道导弹服役。1970 年代末期,当这 970 枚 SS-11 导弹过半数为新的 SS-17 或 SS-19 所取代时,仍有 450 枚继续服役。然而,一旦机动的 SS-25 洲际弹道导弹进入部署时,更多的 SS-Ⅱ洲际弹道导弹将在 10 枚 SS-11 对 9 枚 SS-25 的合适比例下开始退役。

本型导弹所部署的数量曾经举世无比(1972 年达 1036 枚),现今仍有 440 枚服役中。据估计,除了 20 枚一型外,其他则是二、三型的混编。这 400 多枚导弹主要部署在两个地带:前苏联西部地区的科泽尔斯克(Kozeisk)、台克夫(Teyko-Vo)、彼尔姆(Perm)以及远东地区的格雷得卡亚(Glad- kaya)、杜富亚尼亚(Drovyanya)、斯沃博德尼(Svobodny)、奥伏亚尼

亚(Olovyannaya)。

使用SS-11一型及二型洲际弹道导弹均有单一的大型弹头。但是它们并不太准确,因此只能用来攻击大范围的、软性的、对抗价值取向目标(counter-value target),如城市、工业中心及未经保护的军事设施。

SS-11三型洲际弹道导弹有3具重返大气层载具,而且是用来攻击陆基洲际弹道导弹掩体。的确,由前苏联的测试资料显示,这3具所涵括的打击区域正是民兵式导弹掩体的范围,而这样的科技是从SS-9四型导弹上开发而来的。然而,由于更准确、更合适的弹头不断被开发出来,因此,即使SS-11三型洲际弹道导弹依旧瞄向美国,应该已改变了原先的攻击目标。将SS-11洲际弹道导弹部署在前苏联、远东是极具价值的。它的射程可涵括中国内地、日本及其他亚洲国家。

俄“道尔”地对空导弹

俄罗斯是从20世纪80年代后期开始研制该型导弹的,这是当今世界上唯一一种采用垂直发射的低空近程地空导弹系统。西方把它叫做“萨姆”-15,1991年交付部队使用,“道尔” 地空导弹系统能对付作战飞机以及那些精确制导的空地武器,是一种近程、低空的地空导弹武器系统。

地空导弹是一种防空武器，世界各国从20世纪40年代就开始研制。近几十年来,它的研制朝着两个方向发展:一种是以拦截弹道导弹为主,叫做反导弹武器,如美国的“爱国者”地空导弹系统;另一种是以拦截轰炸机、攻击机和直升机等低空目标为主,叫做防空导弹,如美国的“尾刺”防空导弹,可以在单兵肩上发射。

将“道尔”地空导弹称为武器系统,是因为它包括一部搜索雷达,一部跟踪雷达,一部电视跟踪瞄准设备和导弹发射箱。导弹发射箱内装有8枚待发导弹。但是,这整个武器系统的所有装备都是装在一辆越野性能良好的履带车上的。

车上共载有3人:车长、操纵员和驾驶员。一辆车就是一个火力单元,从搜索、发现目标到完成任务,这辆车全都能独立完成。而且只需在导弹发射和制导时,车子暂时停下来。完成其他作战程序的时候,车子完全可以在行进中进行。这种武器机动灵活,生存能力强。

要想对付精确制导的空地武器系统，导弹必须有高速的数据处理能力。从发现目标到发射导弹,反应时间要非常短。只有导弹自动化程

度相当高，才能将判断过程所需要的时间缩到最短。“道尔”地空导弹系统有 3 台每秒 100 万次运算能力的计算机，整个作战程序高度自动化。操作员只需观察就行了，只有在敌方电子干扰比较严重时才实施干预。使用“道尔”地空导弹系统，从发现目标到发射导弹只需 5~8 秒钟。

“道尔”地空导弹系统的导弹装在密封的四联装发射筒内。两个发射筒共 8 枚导弹，都垂直地装在炮塔上。发射时，导弹的弹射系统把它推出发射筒，呈垂直状态升空。当升到几十米后，导弹开始转弯，向目标平面飞行。垂直发射可以用来对付各个方向来袭的空中目标。

它的最大速度是 850 米/秒，射程 1.5~12 千米，射高 10~86 米，它的战斗部是破片杀伤式的，用无线电引信来引爆，以便大范围摧毁目标。

“道尔”导弹系统使用了多种传感器。在 20 世纪 90 年代，它是世界上同类武器中唯一具有三坐标搜索雷达的武器系统。这种雷达可以在足够大的范围内搜索；在 25 千米内，提供 48 个来袭目标的距离、方位、高度和威胁程度的信息；可同时跟踪其中 12 个目标，能根据目标威胁力的大小，排出拦截的先后顺序。可以想象，当各种空地武器铺天盖地同时袭来时，“道尔”导弹雷达工作的覆盖面是相当大的，可以同时处理多个目标，还可以同时用两枚导弹攻击两个目标。

“道尔”地空导弹系统还有另外两个传感器：一个是跟踪雷达，可同时跟踪两个目标，跟踪距离达 25 千米；另一个是电视跟踪瞄准设备，它的任务是当处于电子干扰恶劣环境的雷达无法工作时，它就取而代之，使“道尔”导弹能继续作战，这种设备最远能瞄准 20 千米的目标。

为了保障“道尔”地空导弹系统的作战能力，部队还需配有运输装填车、导弹运输车和修理车。

英“吹管”地对空导弹

英国研制的便携式单兵肩射近程防空导弹武器系统，采用光学跟踪和无线电指令制导，能迎面射出，也能围追射击，还可以从各种车辆上、船上和直升机上发射。它主要用来对付低空慢速飞行的飞机和直升机，主要承担野战防空任务，还可以用来对付小型舰艇和地面车辆。

该导弹弹长1.35米，发射筒长1.4米。它的弹体直径非常细，仅为0.076米，是导弹中弹径最细的导弹，其翼展0. 0274米，全弹重11千克，发射筒重3千克。导弹最大速度为声速的1.5倍，导弹作战半径0.3~4.8千米，最大作战高度为1.8千米，破片杀伤战斗部总重2.2~3.6千克，装烈性炸药1.45千克，由近引信或触发引信起爆，有效射程4800米，有效射高1800千米。对付地面或水面目标时，采用空心装药战斗部，其动力装置为一台固体起飞助推器加一台固体主发动机。

20世纪60年代初，由于飞机突防方式由高空、高速转向低空或超低空方向发展，英国为加强战场上的低空防御能力，才开始研制单兵携带、发射的防空导弹，因此“吹管”导弹便应运而生了。该导弹于1966年开始研制，一年以后完成了研制任务并由陆军肩射试验获得成功。1972年，对5对导弹全系统进行了鉴定试验，同年9月，宣布研制阶段完成，开始进入批量生产阶段，1973年装备英国陆军，以后海军又将此导弹系统发展为多联装舰空和潜空导弹武器系统。“吹管”导弹除装备英国军队外，还远销加拿大等7个国家。该型导弹武器系统现已被新型的“标枪”和“星光”等便携式导弹所取代。

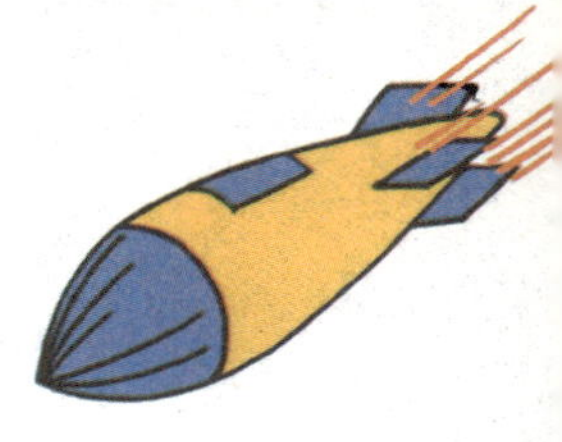

俄"盖德莱"SA-2地对空导弹

它是世界上生产量最大、装备国家最多的一种高空、中程防空导弹武器系统，又称"盖德莱"，通常称为"萨姆"2，是前苏联使用最广泛的一种防空导弹。1957 年，在莫斯科首次展出。它广泛使用于苏联和华沙条约国家，并大量出口古巴、埃及、印度尼西亚、伊拉克和其他国家。1971 年春，在埃及苏伊士运河附近至少配备了 28 个导弹连。

该导弹自从 1957 年装备部队以来，曾取得过辉煌战绩：1960 年 5 月 1 日，前苏联用它在世界上第一次击落了美国 U-2 间谍飞机；越战期间，越南用它击落了多架美国 B-52 战略轰炸机。

1967 年中东战争中被以色列缴获的"盖德莱"全套导弹系统，包括一辆"吉尔"157 型半拖拉运输起重车、雷达车和发电机。美国给它的编号是 SA-2 或 SAM-2，而这种导弹装在前苏联捷尔任斯基巡洋舰的双联装发射架上时被称为 SA-N-2。

该导弹的制导与控制装置采用自动无线电指令加末段雷达寻的方式。制导站的雷达能同时跟踪 6 批目标和制导 3 枚导弹攻击一个目标，由可动尾翼和助推器尾翼上的控制翼面控制。动力装置为液体火箭发动机，弹体是两级串联导弹。助推器为圆柱形，具有带十字形截短三角尾翼，其中两个尾翼后缘有控制翼面。第二级直径较小，为圆柱形，带有外扩裙。在头部和尾部的中间部位装有固定的十字形弹翼和小的十字形控制翼面，它们都与助推器尾翼成一直线，头部有十字形前翼。

“盖莱德”SA–2 导弹有多种改进型，其原型弹长 10.6 米，弹径 0.65 米，翼展 1.7 米，全弹重 2287 千克。战斗部为破片杀伤式，装烈性炸药 130 千克，带触发或近爆引信，或者是指令引爆、有效射程 35 千米，有效射高 27.4 千米。

为方便起见，经过多次改型的“盖莱德”导弹，其最初型号称为 MK–1 型。几次改型主要是在射程、射高和抗干扰等性能上有所提高，低空作战能力也有所改善。在设计方面，这种导弹很像美国第一代导弹“奈克”1 型。该导弹最初头部的前翼是矩形的，但被以色列缴获的 MK–2 型则为截短的三角翼。而最新的 MK–4 型于 1967 年在莫斯科首次展出，它比 MK–2 型长 40 厘米，没有上述的前翼和助推器控制面。在它鼓出的、涂白漆的头锥处装着核弹头，这意味着它的威力远远超过以前的各型导弹。

SA–2 导弹共装备了约 36000 枚，目前正逐步由 SA–5、SA–10 和 C–300 等导弹所取代。

俄"甘蒙"SA-5地对空导弹

这种导弹的最大射程为250千米，最大射高30千米，是当今世界上射程最远的高空、远程防空导弹之一，通常称为"萨姆"5，又称作"甘蒙"。该导弹主要承担国土防空任务，用于对付超高空飞行的战略轰炸机和巡航导弹，也可拦截战术导弹。通常，它与中低空SA-3导弹配合执行战略防空任务。

"甘蒙"SA-5地空导弹于20世纪50年代初开始研制，60年代初开始装备部队。1963年首次在莫斯科红场公开展出，现在仍有少量服役，部署在俄罗斯西部塔林地区。目前，这种导弹正在被C-300等新型导弹所取代。

该导弹采用无线电雷达指令和主动雷达寻的制导。弹体呈圆柱形，弹长16.5米(含空速管)，弹体直径一级1.07米，二级0.85米，翼展3.65米，头部为卵形。导弹装有大的十字形截短三角弹翼，每一弹翼后缘插入一控制翼面。在第二级锥形尾部上有十字形控制尾翼，它们与弹翼成一直线，而与助推器上的尾翼呈45°夹角。动力装置为多级火箭发动机，第一级为固体火箭助推器。在弹头内还装一个小型固体火箭发动机，总推力达1400千牛。战斗部采用破片杀伤式，可交替使用核和高能炸药，由无线电引信起爆。战斗部分离后可能作为第三级助推器，用一台内部的火箭发动机使之最后去接近目标。最大速度为3~5倍声速，发射质量为10吨。

俄“蝮蛇”空对空导弹

俄罗斯最新型的“蝮蛇”中程空对空导弹，是世界上第一种尾部采用4片操纵尾翼的格栅式导弹。该格栅装置能减少舵面操纵力矩和伺服机构质量。目前，这种导弹已成为俄罗斯战斗机的主要空战武器。它既能攻击大型机动目标，也能拦截小型巡航导弹。

导弹全长3.6米，弹径0.2米，全弹重175千克，最大射程100千米。采用指令和末段主动雷达制导方式，弹上主动雷达导引头有效作用距离约20千米。

美"响尾蛇"、英"火光"空对空导弹

"响尾蛇"导弹代号为AIM-9，是美国研制的世界上第一种被动式红外制导空空导弹，目前已发展成多品种的系列导弹。第一代是该系列导弹的研制基础，共有十多种不同型号。但其原型AIM-9A没有成批量生产，大量生产和使用的是AIM-9B。1948年，美海军武器中心开始研制这种导弹，1953年9月发射成功，1956年7月开始服役。

"响尾蛇"导弹迄今为止已经发展了三代。1956年投产的第一代为A、B型，以后又不断改进形成第二代，即C、D、E、F、G、H、J型。从20世纪70年代开始进入第三代，L型从1971年1月开始研制，1976年批量生产，该导弹已初步具有全项攻击能力，离轴发射角度大，可靠性好，命中精度高。在1982年的马岛战争中和1991年的海湾战争中都用它击落过飞机。该导弹装备部队初期是采用尾后攻击方式的，专门攻击发动机尾喷管，在尾后爆炸，所以取名"响尾蛇"是很有道理的。

这种导弹弹长2.84米，弹径127毫米，翼展609毫米，发射质量75千克，发射距离1~7.6千米，最大标准射程和最大使用高度分别为11千米和15千米。导弹由制导控制舱、战斗部、触发引信、红外近炸引信、固体火箭发动机和弹翼等六部分组成。弹体为圆柱形，头部呈半球形，由被动式红外制导，携带破片式杀伤战斗部，采用红外近炸引信和触发引信，杀伤半径约为11米。

该导弹的主要特点是结构简单、质量轻、成本低，成批生产每枚约

3000美元，其可拆卸部件不超过24件，制导装置体积小、线路简单，只有7个电子管。30多年来，美国空军和海军在AIM-9B的基础上作了10多次改型，型号甚多，形成了世界上最大的空空导弹系列。除美国自己使用外，该导弹还大量出口到英国、法国、德国以及中国的台湾省等十余个国家和地区。1958年，在台湾海峡空战中，“响尾蛇”导弹就已用于实战。以后，在第四次中东战争、越南战争和英阿马岛战争中都有过出色的表演。

AIM-9“响尾蛇”导弹既可对敌机采用尾后攻击，又可进行迎头攻击。这是因为后续研制的“响尾蛇”型号采用了性能更好的红外寻的器，在较高的温度(上百摄氏度)下就可以追寻目标。这样，导弹可以不用专门追击敌尾后发动机排出的较高温度的热量，而探测飞机外壳部位因受高速气流摩擦生成的热量红外线就可以攻击了。

英国在1951年也曾研制过一种红外制导的“火光”空空导弹，并于1958年装备英国空军和海军。但由于该导弹电子设备很复杂，且红外导引系统不能在大雨或密云聚集时工作，于1969年停止生产。

“火光”空空导弹采用被动红外自动导引系统。弹长3.19米，弹径222毫米，翼展750毫米，发射质量136千克。射程1.2~8千米，射速大于2倍声速，采用尾追攻击方式，单发杀伤概率为80%。战斗部采用普通高能炸药，重22.7千克，由红外近炸引信起爆。动力装置为固体燃料火箭发动机，工作时间为2~3秒。

俄“粗毛犬”SA-5地对空导弹

俄罗斯“粗毛犬”SA-5地空导弹的射高达30千米，是当今世界上射高最大的战略防空导弹之一。这种导弹于20世纪50年代初开始研制，60年代初装备部队。它主要用于对付3倍声速飞机和巡航导弹，也可拦截战术导弹，通常用于国土防空。

“粗毛犬”SA-5导弹长16.5米，弹体直径0.85米，翼展3.65米，全弹重2900千克，射程250千米。制导与控制装置采用无线电指令制导加末段主动式雷达寻的制导。动力装置为多级火箭发动机，第一级采用固体火箭助推器。战斗部采用破片杀伤式，装烈性炸药70千克或核装药，由无线电引信引爆。俄罗斯曾装备1000余枚该型导弹，日前仍有少量在服役。该导弹正在被C-300等新型导弹所取代。

美“幼畜”空对地导弹

20世纪70代初，为适应战场需要，美军加快了各种新式武器的研制步伐，第二代空地导弹陆续亮相。“秃鹰”ACM- 53A是美海军投资1.24亿美元，由美国洛克威尔国际公司研制的，采用程序加电视制导，精度很高。由于该导弹成本太高，最初每枚价格达到10亿美元，未能投入实战使用。美国休斯公司研制的“幼畜”AGM-5，又称“小牛”导弹，性能与“秃鹰”导弹十分相近，再加上售价便宜(单价仅为2.54万美元)，因此，很快就取代了“秃鹰”导弹，成为世界上最早采用电视制导的空地导弹。

“幼畜”空地导弹是美国几种电视制导武器中最小的一种，可以用来攻击点目标，如包括坦克、装甲车、导弹与高炮阵地、车队、地面防御工事、桥梁、指挥所、雷达、停机坪上的飞机和舰艇在内的各种目标。

采用电视制导的“幼畜”，在导引头部装有小型摄像机。当发现目标后，把电视图像传输到驾驶舱内的电视荧光屏上，然后，由导弹上的电视设备把目标图像“锁住”。当电视摄像机的十字线与瞄准线重合后，就可发射导弹了。导弹投放后，驾驶员不必继续跟踪导弹，而可以直接去攻击其他目标或从目标区域返航，电视导引头会自动地连续测量导弹偏离预定弹道的误差，并将误差信号发送给控制系统，从而使导弹命中目标。电视制导的导弹准确性较高，但其弱点是受气象条件影响较大，只能在能见度良好的白天使用，而且投弹时飞机飞行高度较低，容易受到对方防空兵器的威胁，这种导弹曾在越南战争、中东战争和海湾战争

中得到使用。

“幼畜”导弹弹长 2.49 米，弹径 0.3 米，翼展 0.72 米，发射质量 210 千克，一般战术飞机可携带 6 枚。在一台固体火箭发动机推动下，巡航速度可达到马赫数 1，射程为 0.6~22. 5 千米。

在越南战场上，由于恶劣的环境严重影响了“幼畜”导弹的电视制导效果，它显得默默无闻。在以色列对叙利亚的战略轰炸中，“幼畜”导弹准确地攻击了叙军国防部、空军司令部、广播电台，以及发电厂、机场、通信设施和海军司令部等重要目标，引起了人们的关注。

在 1991 年的海湾战争中，美军的 F-117A、F-111P 和 F-16E 战斗机共发射了 5500 余枚“幼畜”导弹，命中概率超过了 80%，居全部参战导弹之首，“幼畜”导弹也因此身价倍增。到 1993 年底，“幼畜”导弹已生产出 10 万余枚，并出口到 20 多个国家。

美"霍克"地对空导弹

"霍克"地空导弹是世界上最早研制成功的一种全天候中程、中低空防空导弹，它分为基本型和改进型两种。基本型于1953开始研制，1959年装备部队；改进型的外形与前者相似，只是内部结构稍有变动，如改用固态电路和较大的战斗部，改进推进剂等。这种地空导弹于1972年开始服役，主要用于国土和要地防空，可以对付飞机、战术弹道导弹和巡航导弹。目前已有近30个国家和地区装备了这种导弹，在1973年第四次中东战争中，以色列曾用"霍克"导弹击落多架阿拉伯飞机而使它声名远扬。

"霍克"导弹采用单室双推力固体火箭发动机和全程半主动雷达寻的制导，战斗部为破片杀伤式战斗部(也可采用核战斗部)。采用无线电近炸引信或触发引信，爆炸后形成一个不断扩大的圆环区域，因此可获得较高的杀伤概率。

"霍克"导弹弹长5.03米，弹径0.36米，全弹重586千克，作战拦截最大距离和高度分别为40千米和18千米。美国后来对它进行了改进，在试验中曾成功地拦截"长矛"地地战术导弹。

该导弹以营为建制单位，每个营辖3个连或4个连，每连拥有6部三联装发射架、2部制导雷达和1部低空目标指示雷达，每个发射架上装有3枚导弹，连可独立作战，能同时制导多枚导弹，攻击两个目标。

美国目前已对"霍克"导弹系统进行过5次重大改进，还计划将该导

弹系统与“爱国者”导弹系统联网，通过改变软件，使两系统之间可以进行数据交换，也可以由“爱国者”导弹的信息协调中心控制“霍克”导弹作战。2010年后，这种导弹仍是一种很有效的地空武器系统之一。

美“爱国者”地对空导弹

美国“爱国者”导弹是一种最早采用多功能相控阵雷达的导弹，并在 1991 年的海湾战争中成功地拦截了“飞毛腿”导弹而声名鹊起。

这种导弹所用的相控雷达能同时跟踪 100 多个空中目标，并能同时指挥 9 枚导弹进行拦截。该导弹在 1980 年开始小批量生产，1985 年装备部队，主要用于对付 20 世纪 80 年代以后问世的高性能飞机、空地导弹、战区弹道导弹和巡航导弹等空中为袭目标，也适用于野战防空、国土防空和要地防空等。其最大作战距离约为 100 千米，理论杀伤概率大于 80%。

“爱国者”导弹采用初段程控、中段无线电指令、末段主动雷达寻的复合制导，并采用多功能相控阵雷达，能同时拦截多个目标，是当前先进的防空导弹。其有效射程 3~80 千米，有效射高 0.3~24 千米，全弹长 5.3 米，弹径 0.406 米，翼展 0.852 米，发射质量 800 千克，最大飞行速度 5~6 倍声速。动力装置为一台高能固体火箭发动机。战斗部为破片杀伤型，杀伤半径 20 米。

“爱国者”导弹的武器系统由火控和发射架两大部分组成。火控部分包括雷达车、指挥控制车、天线车和电源车。指挥控制车是整个武器系统的大脑，由一名指挥官和两名操作手通过控制台就可以完成作战全过程。这种导弹之所以引人注目，主要是因为它采用了性能先进的相控阵雷达。

如果把指挥控制车称为导弹的“大脑”，那么相控阵雷达就可称得上是“爱国者”的“眼睛”。“爱国者”导弹系统每个发射连配备一部 MPQ-53 相控阵雷达，可控制 8 个四联装导弹发射装置。该雷达负责搜索、跟踪、敌我识别、指挥导引导弹攻击于一身。其雷达搜索角度为 90°，跟踪角度为 120°。它工作在 C 波段。探测目标时，其电子扫描波束能立即测出目标的方位、高度，搜索范围约 3~170 千米，能同时踊跃拦截多个目标。

“爱国者”导弹的雷达天线很独特，它的相控阵天线呈方盒形，安装在一辆拖车上。天线由若干组模块构成，其中一组为主天线，由 61 个收发模块构成圆形阵列，其功能是同时发出对目标搜索、跟踪、照射、导引指令等不同波束；另外一组在主天线的左下方，由 25 个模块组成小的圆形阵列，专门负责接收“爱国者”导弹传送来的信息并传给拦截控制站的数字式武器控制计算机进行计算。目标数据处理完毕后，则由雷达的指令或雷达探测波束回传给导弹，导弹上的两组导引天线接收到这些导引信号后，利用弹内导弹元件将其转成控制信号传至控制面，引导导弹飞向目标。

在主天线下面还有一组长条式阵列横向排列，它是敌我识别系统。另外还有 5 个六角形(各 51 个模块)阵列，其中 2 个位于敌我识别阵列上方左右两侧，其余 3 个位于天线板的下方中央位置，这 5 个小天线阵列的功能是在降低电子干扰时，用来滤除敌方的电子干扰信号。这些模块由计算机管理，采用时分复用方式，就是在一条信道传输时间内，若干路离散信号组成时域互不相叠的群路信号一并传输，以百万分之一秒的间隔时间去运算，使搜索、跟踪、导引、敌我识别、电子对抗等功能完全智能化。

该雷达还有欺骗反辐射导弹(反雷达导弹)设备，即 ARM-D 反辐射导弹诱饵。它可发出类似 MPQ-53 雷达频率、波幅的电子信号，使来袭

的反辐射导弹去追踪该诱饵，从而保护了雷达的安全。

当该导弹获取入侵目标信息后，导弹就进入作战准备状态，地面雷达开始搜索，一旦发现目标，立即进行监视、跟踪，指挥控制系统进行敌我识别和威胁判断；然后确定有线攻击的目标和拦截时间，并选定发射架，将发射前需要的数据、程序送给导弹；接着发射导弹，导弹便按预定程序飞行，同时雷达搜索跟踪目标，并以指令不断修正导弹飞行弹道；当雷达收到目标反射回来的信号后，导弹由指令制导自动转入主动雷达寻的制导；当导弹与目标间的距离达到杀伤威力半径时，引爆战斗部，摧毁目标。

海湾战争中，“爱国者”导弹有效地拦截了伊拉克发射的地地战术导弹——“飞毛腿”导弹。“爱国者”导弹在实战中经受住了考验，从而证明了该导弹性能的先进性，同时也显示了高技术成果在战争中的良好应用。

法“响尾蛇”地对空导弹

这是世界上最早的一种低空近程全天候地空导弹系统，主要用来对付低空和超低空战斗机、武装直升机，以保卫机场、港口等要地和行进中的野战部队，其改进型还可用来对付巡航导弹。

法国于1964年开始研制“响尾蛇”导弹，1965年通过首批25枚导弹的飞行试验，1969年进行导弹拦截靶标的飞行试验，1971年开始向南非和智利等十几个国家提供装备。1993年法国对这种导弹进行改进，制成了新一代“响尾蛇”导弹，用来取代现役“响尾蛇”、“罗兰特”等地空导弹。

“响尾蛇”导弹主要用来对付最大飞行速度为4000米/秒，雷达截面为1米2，水平机动过载为2g的战斗机、轰炸机和武装直升机等目标。导弹的作战半径为500~8500米，作战高度为50~3000米；单发杀伤概率为50%~75%，双发为80%~90%；反应时间：正常目标为10秒，紧急目标为6秒。导弹采用全程无线电指令制导。

这种导弹可用火车、飞机运输，最大行驶速度为60千米/小时。新一代“响尾蛇”导弹弹长2.29米，弹径0.165米，全弹重75千克，有效射程500~11000米，有效射高15~6000米，最大飞行速度为3.6倍声速。

俄"果阿"SA-3地对空导弹

1999年初,在以美国为首的北约对南联盟发动的空袭中,美国空军的"王牌"、世界第一种隐身战斗轰炸机——F-117A战斗轰炸机被南联盟军队用"果阿"地空导弹首次击落,打破了隐身飞机不被击落的神话。

俄罗斯第二代全天候近程地空导弹"果阿",又称"萨姆"3,是20世纪50年代初开始研制的,50年代末装备部队,主要用于要地防空和野战防空。它可车载机动,也可舰载使用。

"果阿"是相当于美国"霍克"导弹的地空导弹。其弹体基本上是圆柱形,由两级串联组成,助推器上装有大的矩形十字尾翼。第二级助推器的后部装有十字形固定尾翼,在锥形头部有十字形截短三角控制翼面。采用无线电指令制导,导弹有效射程为24千米,射高1220米,最大射速2.5倍声速。制导站为一部制导雷达。导弹弹长5.95米,弹径0.55米,翼展2.08米,发射质量953千克。采用破片杀伤式战斗部,杀伤半径50米。动力装置采用两台串联的固体火箭发动机。两枚"果阿"导弹可装在一辆卡车上,这说明其结构紧凑,这种卡车也可作为"盖德莱"导弹和"吉尔德"导弹的运输牵引车。美国把这种导弹的陆上型号称为SA-3或SAM-3。该导弹通常与"盖德莱"SA-2配合使用,采取交叉部署以组成交叉火力,用来对付大批高、中、低空目标。

英"星光"地对空导弹

英国的"星光"导弹是肩射式导弹家族中最年轻的成员之一。它一研制成功就创下了肩射式导弹家族中的三个之最：射程最远，有效射程为7千米；速度最快，最大速度达马赫数4；它是世界上最早用两级火箭推进的肩射式导弹。它除了装备英国陆军外，还出口国外。

"星光"导弹有单发便携式、三联装式和车载八联装式三种发射架。导弹采用新型子母弹结构，母弹内含3枚穿甲爆破子弹头，动力装置为高能推进剂的双推力固体火箭。导弹在发射后的两秒内即可增至最大速度，是目前同类导弹中飞行速度最快的。导弹采用激光波束制导。

"星光"导弹的发射过程是这样的：当发现目标后，射手瞄准目标扣下扳机，这时第一级火箭点火，将弹体推到发射筒外几百米；然后第二级火箭发动机点火，将导弹加速到马赫数4；当第二级火箭发动机燃烧完毕，弹头部分一分为三，就变成了3个分弹头，分弹头上安装着激光接收系统，自动接收射手瞄准其射向目标的激光，弹头便会寻着这束激光命中目标。

"星光"导弹虽然一出世就成为肩射式导弹中的佼佼者，但是，它也有缺点，由于该导弹采用的是激光制导，因此它只能在白天使用，一到晚上就变成了"瞎子"。

现在，西方国家军队装备的肩射式导弹主要是英国的"星光"、法国的"西北风"和美国的"毒刺"导弹。

法“西北风”地对空导弹

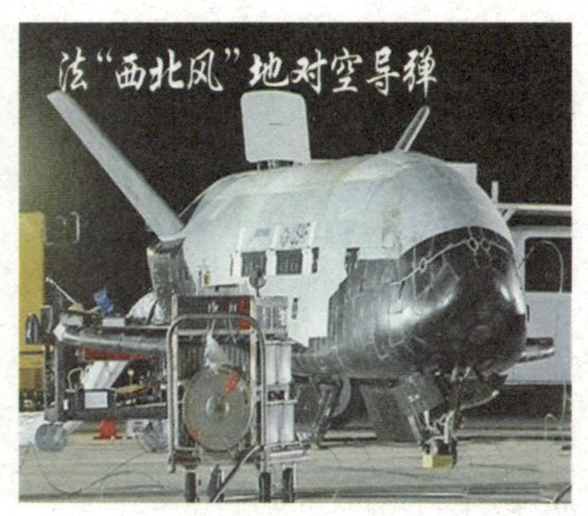

法国研制的超近程地空导弹武器系统“西北风”，在肩射式导弹家族中可谓独树一帜，它的导弹前方安装了一个六角形的光罩，能有效地减少飞行的阻力。这种光罩由氟化镁制成，弹头上的红外线极易穿透，便于导弹用红外线去捕捉目标。该导弹主要用于对付超低空、低空直升机及其他高速飞机，用于保卫空军、陆军要地和野战部队。1979 年法国军方提出设计方案，1981 年开始研制，1986 年交付第一批基本型导弹，并装备部队。

“西北风”导弹的前段为战斗部，后段为动力部。战斗部为破片杀伤式，重约 3 千克，其内装高能炸药和许多钨合金小球。当导弹战斗部爆炸时，这些钨合金小球便在高爆炸药的作用下射向目标，杀伤半径为 1 米。导弹弹长 1.8 米，弹径 0.09 米，发射筒长 1.85 米，发射筒直径 0.09 米，弹重 17 千克，加上发射筒导弹全重 20 千克，最大飞行速度 2.6 倍声速。导弹作战半径为 0.3~0.4 千米，最大作战高度 4.5 千米，杀伤概率为 90%，反应时间 3~5 秒，采用红外寻的制导，以及激光近炸引信和触发引信，由单兵三角架发射。动力装置为两级固体火箭发动机。

“西北风”导弹的全武器系统主要有两大部分组成，一部分是“西北风”导弹和密封发射筒，总重 20 千克；另一部分是三角发射支架，用于固定发射筒，架上有瞄准系统和放大镜。整个武器系统操作十分方便，只需一名射手在一分钟之内就可将瞄准装置和发射筒安装到发射支架上，并进入发射准备状态。

发射支架上装有光学瞄准装置，必要时可加装敌我识别器和红外夜视仪。射手坐在座椅上可以任意调整导弹发射方向。导弹的发射支架也可重复使用。行军时既可一人携带，也可将整个武器系统放在普通车辆上行军，车一停就可以在车上发射，其机动灵活性很适合野外作战。

“西北风”导弹的寻的头也很有特色，它可以在 38°的范围内进行转动。因此，当目标一旦被导弹的寻的头发现，想用急转弯的办法逃脱是很难办到的。“西北风”导弹的引信分为近炸引信和触发引信两种。所谓近炸引信，就是在导弹接近目标到一定的距离时引爆导弹。该导弹的近炸引信可以确保导弹距离目标 1 米的范围内爆炸，这样就不会因目标的回避动作而提前引爆。

由于该导弹具有灵敏度高、机动性好和抗红外干扰性强等特点，因此它一诞生就被许多国家看中，其中一个很重要的原因是这种导弹通用性很强，除了单兵操作之外，还可安装在军舰、飞机、装甲车、汽车上，陆海空三军通用。再加上它属于超低空导弹防御武器系统，可以与其他地空导弹组成低空、超低空防空网。在当前以超低空作为主要进攻手段的情况下，用它来填补高射炮与低空导弹之间的拦截空域，显得尤为重要。

俄"根弗"SA-6 导弹

"根弗"SA-6 导弹是俄罗斯研制的一种机载机动发射的中程、全天候中低空防空导弹武器系统,又称"萨姆"6。它是世界上第一种采用整体式固体冲压和固体火箭组合的导弹。这种发动机在世界上首次用于导弹,是导弹动力装置的一大突破。这种导弹于 20 世纪 50 年代末着手研制,60 年代中期装备部队,1967 年首次公开展出。

该导弹除了装备俄罗斯本国防空部队外,还向埃及、叙利亚、伊拉克、利比亚、越南、捷克斯洛伐克、匈牙利、波兰、莫桑比克、朝鲜和索马里等国出口,是俄罗斯在 20 世纪 80 年代较先进的地空导弹。

在 1973 年的中东战争中,埃及和叙利亚曾用"根弗" SA-6 导弹击落不少以色列飞机。但在 1982 年 6 月 9 日,以色列却采用先进的电子干扰设备,只用了 6 分钟就摧毁了叙利亚部署在黎巴嫩贝卡谷地区的 19 个"萨姆"6 导弹阵地,给对方造成惨重损失。

该导弹采用半主动雷达寻的制导方式,主要用来对付距离在 5~25 千米,高度 60~10000 米的亚声速飞机,也可拦截巡航导弹。它的弹体长 5.85 米,弹径为 0.335 米,最大速度可达马赫数 2.6。采用破片杀伤型战斗部,总重为 59 千克,内装烈性炸药 40 千克。战斗部由无线电引信控制起爆,可爆炸成 3000 余块碎片,杀伤半径达 18 米。

更值得一提的是,"根弗"SA-6 导弹的动力装置采用的是固冲一体化发动机,这种发动机十分先进。由于火箭发动机采用固体药柱,所以

它比以往的“萨姆”导弹使用的液体火箭发动机的结构更为简单，容易操作，战斗的准备时间短。

固体火箭发动机药柱一般是事先装填在发动机内，而且可以长期贮存，从而使得这种导弹的维护、使用更加简单方便，发射准备时间短，这样就大大缩短了反应时间。同时，它又采用一种结构最简单的空气喷气发动机，其外形像一个两头收缩的薄壁金属圆筒，里面设有涡轮和压缩机装置。这种发动机在大气层中高速运动时，空气从前面进气道进入，然后与发动机中部喷出的燃料混合燃烧，而燃气则从发动机后面的喷口喷出，推动导弹高速前进。把这种发动机用在导弹上，使“根弗”SA-6导弹如虎添翼，它的推力比以往的地空导弹使用的液体发动机的推力明显提高了四五倍。

“根弗”SA-6导弹以营为最小火力单位，能独立作战，每个营配备1辆指挥车、1辆制导雷达车、4辆三联装导弹发射车、2辆导弹运输车、1辆电源车和1辆运油车。编制为1名营长、1名参谋长、8名军官和26名战士。

俄罗斯共装备了约5000枚“根弗”SA-6导弹，目前仍在继续服役。

俄"根弗"SA-6导弹

美 AIM-120 空对空导弹

空空导弹都是挂在战斗机上，或者挂在武装直升机上，在空中发射，用来打击空中的飞行目标。如果把空空导弹用地空导弹发射架发射,你一定会认为是别出心裁。事实上,美国陆军研制的 AIM-120 空空导弹,就是世界上第一种由地面发射的空空导弹,它把这种不可思议的设想变成了现实。

1958 年 8 月,美国陆军司令部在一次代号为“安全天空”的防空射击演习中,首次成功地用“霍克”地空导弹发射架发射了几枚 AIM-120 型先进中距空空导弹。“霍克”地空导弹的每个发射架都能发射 3 枚“霍克”地空导弹。美军将这种发射架改装成为单弹混合发射装置。经过改进的“霍克”发射架能发射 8 枚 AIM-120 型先进中距空空导弹。

AIM-120 导弹是美国空、海军针对空中威胁而研制的一种超视距空空导弹,是一种先进的中距空空导弹。它采用指令、惯性和主动雷达末制导,以取代“麻雀”空空导弹。1975 年 11 月,美国空、海军和海军陆战队组织了一些有经验的专业技术人员、飞行员和地勤人员,对未来 30 年内的空中威胁和主要空战任务进行了为期 13 个月的研究和论证、分析,明确了 1985~2005 年间世界范围内的空中威胁主要来自 5.6~74 千米以内的攻击,建议发展一种先进中距空空导弹,以对付 20 世纪 80 年代已有的和 90 年代可能出现的战斗机、战斗轰炸机和巡航导弹。根据这一建议,确定了对未来空空导弹的作战要求,于是提出发展这种导弹的计划。

美国空、海军于1977成立联合工程办公室，并于1979年确定研究发展、试验与鉴定经费。它由美国空军武器发展试验中心负责管理，由美国海军航空系统司令部负责研究弹脉冲导引头。1981年至1986年底为全面研制阶段，并于1981年和1982年先后确定休斯公司和雷锡恩公司分别为第一、第二承包商。1979年至1981年底为该导弹的试验阶段，1985年开始试生产，1989年中期具备初步作战能力。

AIM-120导弹弹长3.65米，弹径0.178米，翼展0.526米，弹重152千克，射程0.8~80千米，使用高度达20千米，最大速度达马赫数4。该导弹有无干扰发射、机载雷达跟踪干扰源发射、目视截获发射等三种发射方式；采用指令惯性制导、跟踪干扰源等两种中制导方式和高脉冲重复频率主动雷达制导、中脉冲重复频率主动雷达制导、跟踪干扰源等三种末制导方式。可组成20多种不同的作战使用方式。

这种中距空空导弹真正具备了“发射后不用管”的能力。在指令惯导阶段，机载雷达只向导弹传送一定的修正指令，不要求机载雷达连续跟踪目标。在自主惯导和主动段，不需要机载雷达照射目标和给导弹传输信号。多目标攻击时，具有多目标区分能力，主动雷达导引头能边扫描边跟踪，后一枚导弹不会攻击已被前一枚导弹瞄准跟踪了的目标。制导和控制全数字化，使导弹抑制杂波和抗干扰能力大大提高了。该导弹可在敌人发射武器前发射。主要装备在美国F-14、F-15、F-10和F-18战斗机以及英国、德国的“阵风”和“海鹞”飞机上。

用地空导弹发射架发射空空导弹有些什么好处呢?第一是节省了研制地空导弹的费用，可以把现有的空空导弹直接拿来作为地空导弹发射；第二是陆军和空军都能用，增加了弹药的来源；第三是一枚空空导弹要比一枚性能相似的地空导弹便宜，也便于维护。目前，挪威陆军已经开始装备这种导弹。

美“小牛”空对地导弹

美国休斯公司研制的“小牛”导弹是世界上最早采用红外热成像导引头的空地导弹。这种导弹的编号是 ACM-65。它的弹体粗壮，全长 2.64 米，直径 0.3 米，翼展 0.71 米，弹重 210 千克，其中战斗部重 90 千克。导弹最大速度为马赫数 2，巡航速度也可达超声速。射程为 24 千米。采用双推力单级固体推进级火箭发动机。它的头部安装的导引头有三种：第一种是电视制导，第二种是激光导引头，第三种是被动红外成像导引头。在 1991 年的海湾战争中，“小牛”导弹用得最多的是被动红外成像导引头，因为它特别善于在夜间攻击目标。

采用红外成像导引头的“小牛”导弹，其抗干扰能力很强，要想欺骗这种导弹绝非易事。这是因为该导弹捕获目标、锁定目标与发射导弹等全部程序在 2~4 秒内即可完成，在这样短的时间内，防御方要对付它是相当困难的。另外，由于“小牛”导弹的发动机产生的烟雾很少，敌方也不易发现导弹的载机。

“小牛”导弹的被动红外成像导引头由光学透镜、扫描器、探测器、信号处理和显示器等组成。它的透光系统是以能透射远红外(微米)的物质制成，一般用锗。红外线经过一个以不同角度安置的 8 面转镜的扫描器，以每秒 60 转的速度旋转，8 个不同角度镜面每转一圈就对视场内的景物上下扫描一遍。与此同时，镜面还将景物光线发射到探测器上。探测器由 16 个标准的制冷式碲镉汞器件组成，每个器件单元面积约 50

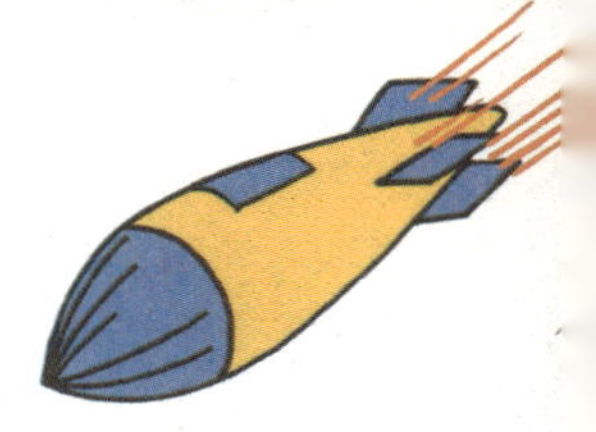

平方微米，其换帧速度为 60 帧/秒，行分辨率为 16×8。探测器采用串联阵列或并联阵列，红外线经过探测器的扫描输出信号为视频信号，即以标准的电视信号输出，与电视非常类似。由此就完成了把景物的红外辐射信号转换成视频信号的过程，并显示在电视监视器上。而它导引头的视频信号通过弹体直接连在飞机驾驶舱显示屏上，由驾驶员控制。

飞机座舱内瞄准镜与红外成像十字线重合时，目标即被锁定，便可以发射导弹了。由于导引头的头部较小，视野自然就很狭窄，所以飞机在发射导弹时，必须保持平稳的飞行状态。一旦发射完毕，飞机就可以马上脱离，由导弹的红外系统自动跟踪目标。导弹一旦点火，即可在 1 秒钟之内加速脱离发射轨道，导弹的固体火箭发动机可在 5 秒钟内加速到马赫数 2，飞向目标中心。

“小牛”导弹的头部有三种战斗部：A/B/D 型采用 56.7 千克聚能装药射流或重 56.7 千克爆破战斗部；EIF/13 型采用 136.2 千克高能炸药爆破杀伤战斗部。除了用于打坦克，136. 2 千克的战斗部的延迟引信穿甲爆破弹头可以打击飞机掩体、地堡和其他加固目标，还可以攻击舰船等海上目标。

在海湾战争中，一望无际的茫茫沙漠，到处都是伊军掩藏在沙丘中的坦克和火炮，它们只露出炮塔，并在周围垒起沙袋或用沙堤围住。但尽管如此，它们在红外成像导引头的“眼”里，火炮或车辆与周围沙土便会形成一个温差，使其在荧光屏上呈现出白色或是黑色。这时，“小牛”导弹一发射，便十有八九能击中目标。美军的第 355 战术战斗机中队(编制 A-10“雷电”攻击机 24 架)，在一次夜间行动中，一次就击毁了伊军 24 辆坦克。

由于“小牛”导弹的视野太窄，不容易看清楚目标图像而导致误伤自己人，因此，美国空军已从 1998 年开始对“小牛”空地导弹进行改造。

计划将 1200 枚 ADM-6513 导弹的红外导引头换装成红外成像电子耦合器件(CCD),改装后的型号为 AGM-65K。CCD 光电导引头将具有质量更好的图像、更远的探测距离,提高在低亮度环境中使用的能力。

现在,“小牛”导弹已有了下一代,休斯飞机公司又研制出一种“长角小牛”导弹。新导弹重 1362 千克,它比“小牛”导弹长约 0.9 米,并在头上长出了“角”,在“角”上面安装有全球定位和惯性导航系统,还装备了先进的涡轮喷气发动机。其最大射程 75 千米,比现在装备的“小牛”导弹提高了 3 倍多。

美"麻雀"空对空导弹

美国于20世纪50年代研制成功"麻雀"导弹，是世界上最早用雷达制导的空空导弹。这种雷达制导中距空空导弹先后有十几种改进型。现在美军服役的有F、M、P三种型号。F型于1967年研制，1980年停产，共生产了5400枚。F型有两种发射方式，与机载脉冲多普勒雷达配合使用时，有识别编队目标的能力；导弹低空性能得到较好的发挥，具有中、近距离空中格斗能力。在1999年3月的北约对南联盟的空袭中，美军飞机首次使用了"麻雀"空空导弹。M型于1975年开始研制，1982年装备部队。该型导弹操作灵活，可靠性强，能对付多个目标，能从低空地面杂波中识别目标，具有下视下射能力，抗干扰能力强。该型导弹出口到十多个国家。P型于1991年开始生产，它采用一台改进的可重新编程的计算机，安装了先进的制导设备，改进了接收装置，性能较M型有进一步提高。最新的R型目前正在研制中。

最新型的"麻雀"AIM-7E导弹弹长3.66米，弹径0.203米，翼展1.02米，发射质量230千克，装有一台固体火箭发动机，战斗部为39千克破片杀伤式高爆炸药。采用主动雷达引信，杀伤半径20米，射程0.6~45千米，速度为马赫数3.5，可全向攻击。"麻雀"导弹是用半主动雷达寻的导引的。所谓半主动雷达寻的，是指在导弹从战斗机上发射后，在惯性飞行的一段距离内仍要由飞机上的雷达波束或无线电指令进行制导，待导弹飞到导弹头部的雷达能够探测到目标的距离时，雷达导引头

"麻雀"导弹

向目标发射电磁波，根据目标回波与导弹速度向量之间的夹角，自动判断导弹的速度向量、偏离目标的程度，进而引导导弹飞向目标。

“麻雀”导弹虽然具有全向远距离攻击能力，但它还不能实现“发射后不用管”，因此这也算是它的弱点。“麻雀”导弹射程较远，在导弹未击中目标前，必须有机载雷达继续对目标进行照射跟踪，直到导弹导引头能自动跟踪目标时，载机才能脱离，这时敌机也同样有机会发射导弹击中战机。虽然战机在雷达锁定目标时，可以允许偏离目标60°以下做简单的机动，但不允许有较大的转弯动作，否则，会丢失目标而导致导弹失控。

“麻雀”导弹发射后首先靠飞机火控雷达进行制导，也就是机上雷达波束始终照射目标，导弹必须沿着雷达波束的轴线飞行。当导弹沿着波束飞到一定距离，也就是导弹雷达导引头能跟踪目标时为止，这时雷达导引头会给飞机一个信号，表明导弹跟踪上了目标，飞机可以脱离了。

后期的P型“麻雀”导弹采用无线电指令加半主动雷达制导，即在导弹发射后的惯性飞行阶段由机载无线电指令控制，并导向目标，末段则由导弹雷达导引头进行追踪。这样，可使机载雷达有更大的机动能力。

尽管“麻雀”导弹将被AIM-120先进中距空空导弹所取代，但目前美海军以及日本、韩国、新加坡等国仍大量配装这种导弹。

美机载反卫星导弹

世界上第一个机载反低轨道的卫星的空天导弹是由美国沃特公司研制的。这种机载反卫星导弹具有机动灵活、反应迅速、生存能力强、命中精度高、造价低廉等优点，是一种拦截低轨道目标的反卫星武器系统。1985 年进行了首次太空打靶试验,1988 年开始服役。

该导弹弹长 5.43 米,弹径 501.9 毫米,尾翼展 752.8 毫米,发射质量 1221.36 千克。攻击对象为低轨道,也就是 400~ 500 千米以上的电子情报卫星、海洋监视卫星及再入弹头。最大作战高度可达 1 万千米,发射高度为 10.688~15.24 千米。由 F-15 载机在万米以上的高空发射,直接撞击摧毁目标。

整个武器系统由导弹、发射载机、地面卫星观测站和控制指挥中心等部分组成。

导弹的动力装置采用两台固体火箭发动机,其中一台是脉冲式固体火箭发动机,总重 728 千克,推力为 26.9 千牛。作战负荷是不带炸药的微型飞行器,靠动能撞击来摧毁目标。微型飞行器直径 305 毫米,长 0.46 米,重 13.7 千克,威力与大型炮弹相当。制导系统分为两段,在动力飞行段使用惯性制导系统,在微型飞行器飞行时使用红外寻的制导系统。

作战时,挂着导弹的 F-15 战斗机从机场起飞后升到 10 ~15 千米空域时,飞机驾驶员根据地面指令发射导弹。导弹离开飞机后,便依靠火箭助推器和惯性制导装置导引进入到大气层以外的预定空域，接着利

用拦截器上红外探测器开始搜索目标。一旦捕获目标，便自动跟踪，当相对速度达到 13. 5 千米/秒时，二级与三级助推器分离，并控制第三级火箭点火，拦截器机动飞行，接近目标，直至撞击目标为止。

美国空军计划先组建两个 F-15 反卫星导弹中队。一个中队部署在费吉尼州的兰利空军基地，另一个部署在华盛顿的马克得空军基地，总共装备 56 架载机。

俄P-73M空对空导弹

在现代空战中，战斗机前方没有目标就意味着背后可能被人偷袭。特别是对那些正在执行特殊轰炸任务的攻击机来说，在专心注视如何发现前面的地面目标时，又要防备尾后的攻击，危险性就更大了。因此，有人突发奇想，若有一种导弹能向后发射就好了。

这种导弹终于出现了。它就是由俄罗斯的R-73“射手”近距空空导弹改进而成的世界上第一种向后发射的空空导弹——P-73M空空导弹。发射质量110千克，射程1~30千米，动力装置为双推力固体火箭发动机。采用中段惯性、末段红外寻的制导，能离轴60°发射寻弹，具有全向攻击能力。由于采用推力矢量技术，导弹的机动过载达40g。战斗部装高能炸药，杀伤半径7米。

战斗部采用链杆式战斗部，其破片是预制的，具体方法是在战斗部壳体上刻槽，当炸药爆炸时，由于刻槽处壁薄而首先破裂.于是可以得到合乎要求的破片。预制破片可以是球状、块状，也可以是链杆状的。

现在，俄罗斯正在试射一种新型导弹，它在支架和发射轨头上朝后挂载，当后向雷达发现目标后，导弹就可以锁定目标。导弹装有一个助推器，当发射时，其面向前方的助推器喷管由一个气动整流罩覆盖，整流罩在助推器点火时被吹掉。由于飞机是向前飞行的，导弹离开发射架是向后的，此时就产生了负速度。导弹由负速度加速到零，再加速到正的空速。然后，导弹导引头继续跟踪目标。

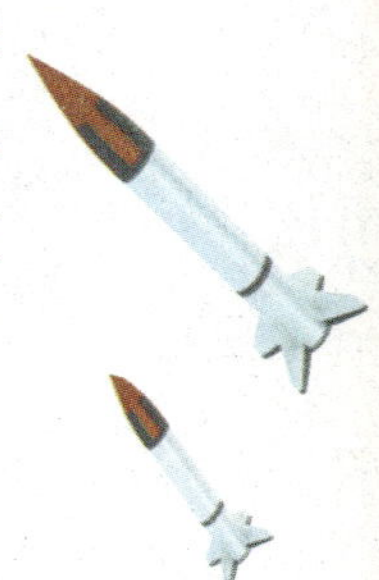

向后发射的新型P-73导弹最大攻击距离为10~12千米，最小攻击距离为1千米，可攻击50~13000米高度的目标，并可在离发射轨达0的位置进行有效攻击，飞机可在亚声速和超声速情况下发射。虽然向后发射导弹时，飞行员不能目视确定这种导弹已击中目标，但这种新型P-73导弹可在发射前锁定目标，并减少攻击目标所需时间。

目前，向后发射的P-73导弹能装载在两种战斗机上。一种是苏-30战斗机，该机的独特之处是，在机身下的两个引擎之间，装备有后视火控雷达，飞行员可发现后面来袭的敌机，同时，飞机无需掉头就可以向后面来袭的敌机发射P-73导弹。这种“回马枪”式的后向攻击能力，曾让驻莫斯科的美国空军武官惊讶不已。因为到目前为止，世界上只有俄罗斯战斗机具有这种向后攻击能力。另一种是苏-32FM海上侦察攻击战斗机上。

美"阿姆拉姆"空对空导弹

这是美国最新研制的中距空空导弹，也是世界上最早运用先进数字处理技术的空空导弹，该导弹是美国空、海军联合研制的第四代全天候、全方位、全高度中距空空导弹，用来取代"麻雀"AIM-7导弹。"阿姆拉姆"AIM-120导弹于1981年开始研制：1991年在美国空军服役，1993年装备美海军。

"阿姆拉姆"(AMRAAM)是"先进中距空空导弹"的简称。它刚一装备部队就显露出了锋芒。1992年12月，在伊拉克的"禁飞区"上空，发生了一场引人注目的空战。那天上午11时许，在伊拉克南部上空执行巡逻任务的美国空军的2架F-16C战斗机，发现2架伊拉克空军的米格-25战斗机在"禁飞区"上空飞行，美军战斗机立即进入战斗状态，在空中预警指挥机的引导下，向伊拉克的米格战斗机发射了1枚先进的AIM-120空空导弹，当即击落1架米格-5战斗机。这是"阿姆拉姆"AIM-20导弹首次在空中亮相，就显示出不凡的身手。1993年，美军又使用该导弹击落一架米格-9飞机。在波黑战场上，"阿姆拉姆"导弹首创新纪录，在1200~1500米高度击落一架"超级海鸥"飞机。

"阿姆拉姆"AIM-20导弹与"麻雀"导弹相比，性能更可靠，自动攻击能力更强，而且弹体更轻，对美军大部分战机都适用。

"阿姆拉姆"AIM-120导弹采用中段惯性指令制导，末段为主动雷达制导。导弹在中段飞行阶段可利用载机"边扫描边跟踪"雷达操作模

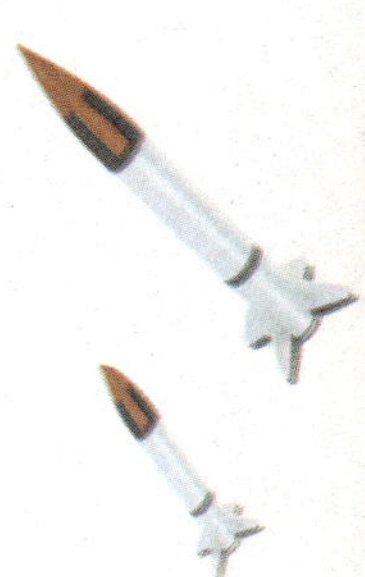

式提供目标信息，作间断性航线控制，而不需要载机雷达向目标持续照射，因而载机可以“发射后不用管”，并对搜索范围中的其他目标实施再行攻击。导弹到了末段，则由弹头主动雷达照射目标进行跟踪冲击目标。该导弹在载机连续追击多个目标的情况下，导弹可利用主动寻的器锁定目标进行自主攻击，而载机则可以瞄准其他目标再发射导弹进行攻击；当进入近距离时，可以直接利用导弹寻的器的有效范围对目标进行突射。

由于该导弹采用了先进的数字信号处理技术，在敌机对 AIM-120 导弹进行强烈干扰时，它可沿敌机干扰波自动导向目标和追踪目标，因而具有较强的反制干扰能力。

导弹的动力装置采用双推力固体火箭发动机(冲压火箭组合式发动机)，因而提高了导弹的射速、射程，为先发制人创下了先决条件。“阿姆拉姆”导弹的速度为马赫数 4，比“麻雀”导弹的马赫数 3.5、“响尾蛇”导弹的马赫数 3.8 都有所提高。该导弹的射程为 50 千米，比“麻雀”导弹的 40 千米还要远，而且还准备将导弹的射程增大到 80 千米。它的速度大、射程远，可以大大提高导弹的先发命中率。

“阿姆拉姆”AIM-120 导弹质量轻、弹径小，适用多种战机。该导弹弹长 3.65 米，弹径 0.178 米，翼展为 0.526 米，发射质量为 157 千克。由于该导弹的质量减轻，因而使能挂“响尾蛇”导弹的挂点也可以挂 AIM-120 导弹。战斗部装有 22 千克定向高爆炸药。由于重量轻，加之采用尾翼作为控制舵，所以在同样的气动力下具有较大的力矩，以改变航向，其机动过载可达 50g，而以近距格斗著称的“响尾蛇”导弹的机动能力才 26~35g。

美国将继续对“阿姆拉姆”AIM-120 导弹进行改进，以便使该导弹成为 21 世纪的空中杀手。美空军还决定为 F-22 战斗机发展“阿姆拉姆”导弹的折叠式弹翼改进型。目前，正在发展的是一种能与所有战斗

机相容的缩小弹翼的中距空空导弹。

该导弹除美国自己装备外，俄罗斯、法国也装备了这种“发射后不用管”的导弹，英国、土耳其、希腊和挪威等国购买了此种导弹。

美“不死鸟”空对空导弹

“不死鸟”是美国海军 AIM-54 远距、全高度、全天候、高速度空空导弹的名称，它专门配备在美国海军 F-14“熊猫”式舰载战斗机上。从射程上看，“不死鸟”导弹可以说是世界上攻击范围最大的空空导弹。其攻击高度范围在 15~ 30000 米，曾对海面上空 15 米飞行的导弹靶机进行成功拦截。这种导弹由于采用半主动雷达加主动雷达制导，因而具有全天候全向攻击能力。

该导弹全长 3.95 米，弹径 0.38 米，翼展 0.91 米，质量 447~463 千克，迎头攻击最大射程 110 千米。动力为固体火箭发动机，采用触发引信和近炸引信，或主动雷达引信，战斗部装填高能炸药。该导弹是专门为美国海军执行海上远程截击任务而设计的。

“不死鸟”导弹原计划装备变翼的 F-111B 战斗机。因该导弹的性能大大超过现有的空空导弹，于是改为美海军 F-14“熊猫”战斗机的主要武器。导弹的维护和可靠性大有改进，可以整个导弹或拆成部件进行测试和储运。当作战时，由飞机上的休斯公司研制的 AN/AWG-9 火力控制系统来探测目标。这种系统能在任何气候条件下锁定目标，并在最佳射程内发射导弹。AN/AWG-9 的脉冲多普勒雷达可以“俯视”，并能从地面杂波中选出一个活动目标。若是别的系统，目标就要被杂波淹没。

该导弹的跟踪、扫描方式，可使火控雷达在飞行中同时指挥 6 枚导弹，同时还能对其他目标进行搜索。末制导由导弹上的主动寻的雷达系

统担任，射程 150~200 千米。

在执行战斗任务时，F-14 战斗机共可挂 8 枚导弹，包括 4 枚“不死鸟”导弹、2 枚“麻雀”导弹和 2 枚“响尾蛇”导弹。F-14 战斗机装备有 AWG-9 火控雷达，其探测距离 112~160 千米，能截获、跟踪分析 24 个目标，同时发射 6 枚“不死鸟”导弹，分别攻击 6 个目标，命中率高达 80%以上。

“不死鸟”导弹有 A、B 两种型号，C 型是在 A 型的基础上改进的，于 1976 年研制成功。导弹导引头的自动驾驶仪等设备全部是集成电路化，从而大大增加了导弹主动跟踪目标的距离，使导弹具备了攻击小型低空目标的能力，并提高了抗干扰能力。这种导弹于 1985 年服役，1993 年停产，共生产 2000 枚。为了使这种远距离截击导弹能发挥其应有的作用，美海军仍在继续对“不死鸟”导弹进行改进。

俄“蚜虫”AA-8空对空导弹

目前，世界上尺寸最小、质量较轻的导弹是俄罗斯研制的“蚜虫”AA-8空空导弹，其性能与美国的“响尾蛇”AIM- 9L导弹相似。1975年装备部队，该型导弹主要装备在米格-23战斗机上，其后又装备在后继型苏-15、雅克-36MP和米格-21战斗机上。

“蚜虫”空空导弹有红外制导和雷达制导两种型号。弹径130毫米，翼展520毫米，发射质量55千克。雷达型导弹长2.15米，最大发射距离15千米。红外型导弹长2米，最大发射距离7千米，最小发射距离500米。制导系统有被动红外制导和几波段半主动雷达制导两种。动力装置为固体燃料火箭发动机。战斗部采用高能炸药破片式战斗部，重6千克。

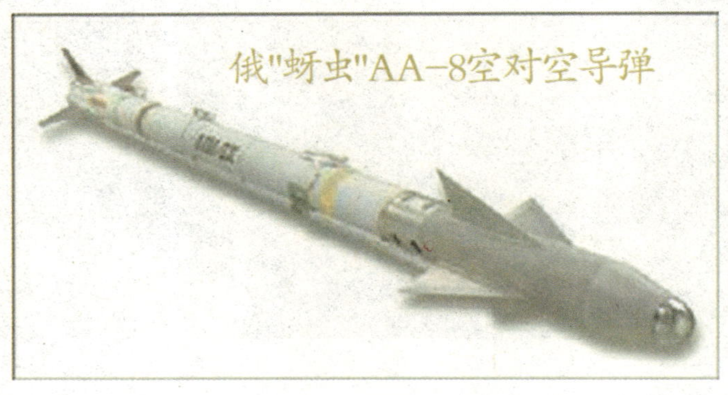
俄"蚜虫"AA-8空对空导弹

美 AGM-130 空对地导弹

AGM-130 空地导弹是由美国空军研制的中程空地导弹。它由 GBU-15 模式化空地制导滑翔炸弹加装固体火箭发动机、雷达高度表和一个任务控制器组成，目的是为了既能保持原 GBU-15 制导炸弹的高精度，又能从更远的距离攻击目标。由于采用了高精度的制导炸弹，因而它成为目前世界上杀伤力最大的空地导弹。这种导弹于 1983 年开始研制，1987 年初具作战能力，1991 年装备部队。它有 AGM-130A、AGM-130B 和 AGM-130C 三种型号。该导弹 A 型弹长 3.94 米，弹径 460 毫米；B 型弹长 4.02 米，弹径 520 毫米，翼展 1.5 米。导弹射程 24.95 千米，其最大标准射程为 45 千米，命中精度 1 米。采用电视制导或红外成像制导，可携带包括集束战斗部等多种类型弹头，用于攻击各种严密设防的陆上和海上重要目标。集束式战斗部爆炸时，就像在倒着的小降落伞辅助下，几百个子炸弹射向四面八方，散布的面积相当于足球场那么大，每个子炸弹爆炸后又可产生 2000 多个高速碎片，相当于大量微型长钉炸弹同时爆炸的威力，方圆很大面积内的有生存目标都难逃厄运。集束式弹头是现代战争中最野蛮残酷的武器之一。

目前，装备 AGM-130 空地导弹的机种有 F-111、F-4、F-16、A-10 等作战飞机。

美"核猎鹰"空对空导弹

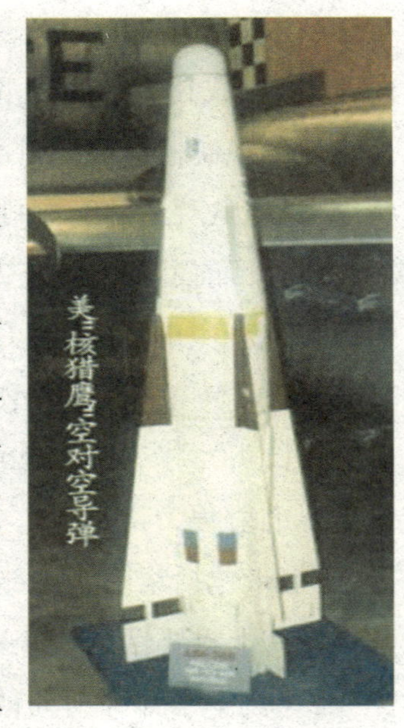

美"核猎鹰"空对空导弹

由美国休斯公司研制的"核猎鹰"空空导弹(代号 AIM-26A)是将"猎鹰"AIM-4A 导弹的基本控制和制导装置与具有巨大破坏力的核战斗部相结合的产物。它优先选用了雷达导引头而不用红外导引头，因而具有较好的全天候性能和较远的搜索距离，并能从任何方向(包括迎面)进行攻击。从外形上看，AIM-26A 与以前的"猎鹰"导弹的不同点在于它有一个两头细中部粗的弹体，而没有头部舵翼。该导弹于 1960 年 3 月交付美空军试验使用，是世界上第一个装备核弹头的空空导弹。

该导弹弹长 2.07 米，弹径 290 毫米，翼展 620 毫米，发射质量 92 千克，射程 8 千米，使用高度 15.2 千米，发射速度为 2 倍声速。动力装置采用 M60 型固体燃料火箭发动机，推力为 26.7 千牛。采用半主动雷达制导和主动式无线电近炸引信，采用核战斗部，核当量为 1.5 千吨。

该导弹与 "猎鹰"AIM-4A 和 AIM-4C 一起装备在 F-102 全天候战斗机上。

法"超530"空对空导弹

该导弹是由法国玛特拉公司研制的一种半主动雷达制导的中程空空导弹。1971年开始研制，1973~1977年完成初步作战试验，1980年装备法国的F-1和"幻影"2000战斗机。它的主要优点是能以远远大于目标的速度飞行，其最大的飞行速度为4~5倍声速，是目前世界上速度最快的空空导弹。由于该导弹的飞行速度远大于飞行目标的速度，因而可以拦截飞行高度大于载机的目标。

"超530"空空导弹全长3.54米，弹径263米，翼展640毫米，尾舵翼展900毫米，发射质量250千克。射程几百米至19千米，最大使用高度约30千米，在最小使用高度处可以截击载机上方或下方900米处的目标。该导弹采用正常式布局，有优越的高空性能，在17~18千米高空机动时，最大过载为28g。

动力装置采用双推力固体火箭发动机，重44.5千克。由于采用了变系数比例导引的半主动雷达制导系统，提高了导引头的探测和跟踪能力，使导弹在全高度上均能达到最优性能。战斗部采用破片式杀伤战斗部，重30千克，杀伤半径20米，并装有抗电磁干扰电路。引信为无线电近炸信和触发引信，能满足低空作战要求。在载机起飞后任何时刻均可发射导弹，还可以采用自动发射方式，由载机的计算机求出最佳发射点，当载机到达此位置时，导弹便自动发射。

美"波马克"地对空导弹

这是世界上射程最远的地空导弹武器系统，其有效射程为 700 千米，最大射高 30 千米。"波马克"实际上是一种无人驾驶截击机，其外形与超声速飞机相似，需要从固定阵地垂直发射。

美国对"波马克"导弹的研制工作开始于 1949 年，由波音公司和密执安大学航空研究中心承担。它是多种大规模装备部队的远程地空导弹中的一种。从 1959 年起，在佛罗里达州埃格林空军基地进行了 200 多次发射试验，从而使"波马克"导弹加入到美国的"赛其"防空系统。该系统是针对美国大陆上空的潜在目标而设计的，它能指挥导弹或飞机攻击这些目标，以将其摧毁；它还能拦击高空的超声速目标，包括任何现代战斗机或大气中飞行的导弹。

这种导弹有 A 和 B 两种型号。A 型于 1951 年开始研制，1960 年开始装备美国空军，作为无人驾驶截击机使用，后来发展成远程区域地空导弹，用以弥补美国陆军"奈基"地空导弹的不足。B 型从 1958 年开始研制，是在 A 型的基础上加以改进的，即把原来的液体助推器改为固体助推器，换装了大推力冲压发动机，改用了燃料，从而增大了导弹的速度和射程。此外，还增加了移动目标的选择装置，提高了反低空目标的能力。B 型于 1961 年开始服役，现在已经全部退役。

导弹全长 13.72 米(A 型为 14.43 米)，弹径 0.89 米(A 型为 0.91 米)，翼展 5.54 米(A 型为 5.5 米)，弹重 7257 千克(A 型为 5800 千克)，最大飞

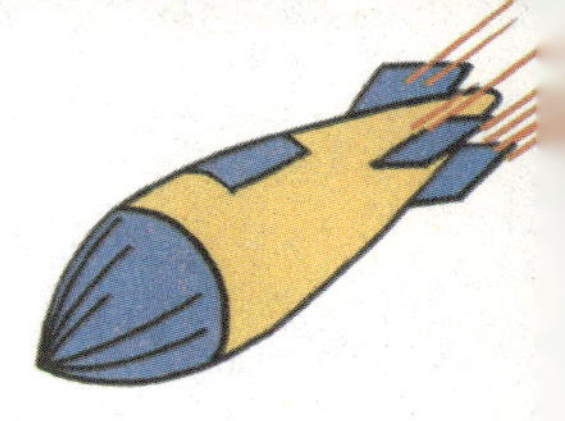

行速度 2.8 倍声速。战斗部采用核装药或烈性炸药，用近炸引信。动力装置采用一台固体助推器(A 型为液体助推器)，两台冲压主发动机。

导弹的最大作战半径为 700 千米(A 型为 320 千米)，最大作战高度为 30 千米(A 型为 18 千米)，最小作战高度为 0. 3 千米，制导系统采用预定程序和指令加雷达主动寻的。

以“箭”式地对空导弹

这是世界上飞行速度最快的地空导弹，其速度达成9倍声速。“箭”式地空导弹由以色列和美国共同研制，主要用于反地地战术弹道导弹，是一种区域防御反导导弹。20世纪90年代中期开始部署。该导弹有“箭”-1和“箭”-2两种型号。它们的初段和中段都采用惯性制导加指令修正，“箭”-1末段采用被动红外导引头，“箭”-2末段有的采用被动红外导引头，有的采用主动雷达导引头。这种导弹的火控系统采用L波段相控阵雷达，具有较强的抗干扰能力。“箭”-2导弹的性能比“箭”-1导弹有较大的提高，不仅减轻了质量、减小了尺寸，而且大大提高了拦截距离和高度。

“箭”-1导弹全长7.5米，最大弹径1.2米，全弹重2000千克，飞行速度达9倍声速，最大射程90千米，拦截高度40千米，末段采用红外寻的复合制导，携带破片杀伤战斗部和近炸引信，可对付“飞毛腿”之类的导弹。“箭”-2导弹是“箭”-1型的改进型，全长6.3米，最大弹径0.8米，全弹重1300千克，射程和射高均为“箭”-1导弹的2倍。

美"阿达茨"地对空导弹

这是世界上第一种具有防空兼反坦克功能的武器系统，由瑞士和美国共同研制。它主要用于对付低空飞机、直升机、遥控飞行器、坦克及地面装甲目标，以便用于保护行进中的装甲部队、机械化部队以及机场、后勤供应中心和指挥所等重要目标。1973 年，瑞士开始进行技术论证，1979 年正式确定由美国负责研制，全部研制经费由瑞士负担。它由 2 个可转动 360°的四联装导弹发射架、8 枚导弹、1 套雷达和光电设备组成的火控系统及履带式或轮式载车构成。1985 年开始投产，主要供应北约及其他西方国家。

导弹弹长 2.05 米，发射筒长 2.2 米，弹体直径 0.152 米，发射筒直径 0.24 米，弹重 51 千克，发射筒重 13 千克，有效射程为 8000 米，最大速度为 3 倍声速，导弹机动过载为 35g。战斗部采用破片杀伤战斗部，重约 12 千克，空心聚能装药，激光近炸引信和触发引信。动力装置为一台无烟双基药固体火箭发动机。

导弹最大作战半径为 8000 米(飞机)；最小作战半径：飞机 1000 米，坦克 500~6000 米。最大作战高度为 5000 米，制导体制采用无线电指令加激光波束。

俄"阿莫斯"空对空导弹

这是一种目前世界上已服役的质量最大、射程最远的空空导弹。该导弹是俄罗斯专门为米格-31截击机研制的远程空空导弹，1982年开始装备部队。

"阿莫斯"导弹全长4.15米，弹径0.38米，全弹重490千克。1990年改型的"阿莫斯"导弹，对轰炸机迎头攻击最大的射程达120千米以上。其制导方式为前几秒由程序控制，然后用无线电指令修正弹道，接近目标后改用接收目标的雷达回波进行跟踪，在离目标20米之内即可将任何作战飞机击落。

德“莱茵女儿”地对空导弹

德国研制的“莱茵女儿”导弹是世界上最早的地空导弹武器系统之一。从1942年开始研制，它分为I型和Ⅱ型两种。第二次世界大战期间，由于德国的战败，导致这两种型号的导弹还没有投入使用就被盟军缴获。第二次世界大战结束后，这种导弹为地空导弹的迅速发展奠定了技术基础。

该导弹采用雷达波束制导方式，战斗部装有23千克高能炸药。I型导弹全长6.3米，弹径0.51米，导弹全重1750千克，有效射程40千米，有效射高6000米；Ⅱ型导弹全长4.97米，弹径0.54米，导弹全重1500千克，有效射程达40千米，有效射高15千米。

俄“弓箭手”空对空导弹

俄罗斯现役的“弓箭手”导弹是当代世界上最先进的格斗型红外制导导弹之一。1985年开始装备部队。

这种导弹最大的特点是，在飞机机头偏离目标达55°的条件下仍可发射导弹；它的另一特点是能与头盔瞄准具交连，飞行员“看准”哪一个目标，导弹就可以做到同步跟踪，大大提高了作战效能。

“弓箭手”空空导弹弹长9米，弹径0.17米，全弹重105千克。

英"吹管"地对空导弹

"吹管"导弹是世界上第一种采用"瞄准线"制导方式的地空导弹。它主要用来对付低空低速飞机和直升机,承担野战,防空任务,还可用来对付小型舰艇和地面战车。1972年开始服役,在第二次世界大战时,英国这个饱受法西斯德国飞机轰炸和最先受到导弹攻击的国家,深知防空作战在现代战争中的重要性,十分注重地空导弹的作战效果和战场生存能力。因此,其研制的第一种便携式单兵肩射导弹——"吹管"导弹就与众不同。

"吹管"导弹系统没有像其他国家的同类导弹那样采用红外制导方式,而是自成一家,采用"瞄准线"制导方式(手动无线电指令制导)。采用这种制导方式的目的是要将敌机击毁在投弹或攻击之前。这是因为红外制导的便携式地空导弹只能对敌机进行迎面攻击。这样,在敌机投弹或攻击之前将敌机击毁的可能性就小得多,大多数情况下只能在敌机俯冲之后发射导弹,此时,敌人的弹药已经投放出来,导弹射手在弹药爆炸的威胁之下操作和发射导弹,其准确性会受到很大影响;即使飞机投放的弹药对导弹射手没有威胁,也必然会对己方的其他人员或装备造成威胁。

因此,英国人在便携式导弹的设计上开动脑筋、勇于创新,他们考虑到当时红外制导技术水平的所限,采用了既可实施尾追攻击又可实施迎面射击的"瞄准线"制导方式。这样,英军士兵携带"吹管"地空导弹,

就可以尽早地将敌机击落或击伤，减少己方损失，提高防空作战效果。

“吹管”地空导弹系统由瞄准控制装置和发射筒两大部分组成。发射筒平时是导弹的储存运输容器，战时作为发射筒用，内装一枚导弹、环形天线、敌我识别装置天线和电池等，由前后两盖板密封。敌我识别装置的天线由一条小绳与前盖板相连，当前盖板被气体压力冲开时，拉出敌我识别装置天线。后盖板由4个保险螺栓与发射筒相连，在发射导弹时被发动机喷出的气流吹掉，使发射筒后端敞开，这样就不会产生后坐力。

整个导弹分为弹头、战斗部和发动机三部分。“吹管”导弹系统不仅制导方式独特，其弹体结构也颇有创新性，弹头部分内装引信、制导系统和控制系统，弹头与后段的弹体是活动连接，这在第一代便携式地空导弹中是绝无仅有的。这种连接方式可以充分利用弹头上产生的扭转控制力，而不受助推发动机的影响，使导弹变得更容易控制。导弹尾部装有曳光管，为瞄准和自动跟踪提供光源。

“吹管”地空导弹有其独特之处，然而也有许多不足之处。它的整个系统犹如一个营养过剩的“小胖子”，让射手抱着感到沉甸甸的，操作起来十分不方便。“吹管”导弹的抗干扰能力较差。也许当时的英国人没有深入考虑到电子干扰对防空作战的影响，虽然在发射机频率上提供了一些可选项，但是，对手如用阻塞式干扰或全频段干扰，“吹管”导弹的指令制导就会完全失效。“吹管”导弹的命中概率也较低，单发命中概率仅40%左右，在第一代便携式地空导弹中是很低的，这与制导方式和笨重的瞄准控制装置不无关系。

“吹管”地空导弹弹长1.35米，弹径0.076米，全弹重11千克，采用光学跟踪和无线电指令制导，破片杀伤战斗部，有效射程4800米，有效射高1800米。该导弹目前已被新型的“标枪”和“星光”等便携式导弹所取代。

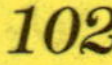

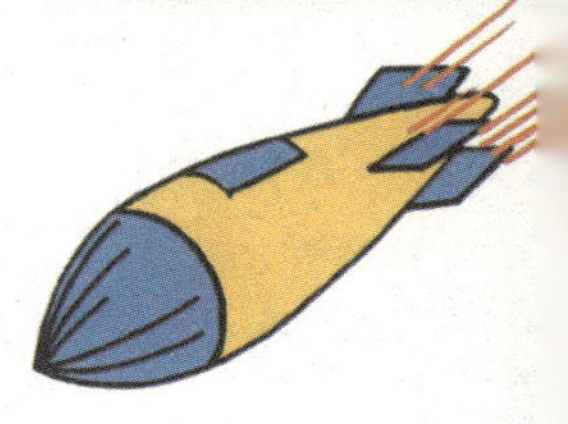

俄 S-300PMU 地对空导弹

这是一种全天候中远程、中高空地空导弹系统，也是当今世界上威力最大与效能最高的防空武器系统之一。1985 年开始服役，用于对付现代作战飞机与巡航导弹等空中目标，这种导弹的杀伤空域大，射高 27 千米，低界 5 千米，射程 75 千米，对低速目标可达 90 千米，比美国“爱国者”导弹的机动性要强。因而，用它是可以对抗美国的“爱国者”、“战斧”等类型的导弹。

一个 S-300PMU 导弹连一般包括 12 辆导弹发射车和 1 部多功能相控阵雷达。每辆发射车上装有 4 枚待发的导弹。导弹配有破片式战斗部，采用“经由导弹跟踪”的半主动雷达寻的制导方式，并以垂直方式发射。

S-300PMU 使用 1 部多功能照射制导雷达，可同时制导 12 枚导弹拦截 6 个目标，优于美国“爱国者”导弹同时射击 3 个目标的能力。考虑到 S-300PMU 在电脑技术及系统集成化方面不及“爱国者”导弹，目前，俄罗斯已开始研发新型的 S-300PMU2 导弹系统。

俄C-400"凯旋"防空导弹

C-400"凯旋"防空导弹是俄罗斯在C-300防空导弹的基础上改进而成的。

该导弹具有如下一些特点：第一个特点是这种导弹系统利用了现代最先进技术，因而具有更高的战术技术性能，以及更强的快速机动能力和快速反应能力。它的突出的特点是射程远，其最大射程达400千米，是目前世界上射程最远的防空导弹，被誉为21世纪的防空武器系统。

这种防空导弹系统的第二个特点是采用垂直冷发射方式。C-400防空导弹系统有两种形式：一种是发射架由4个标准储运发射筒组成，其外形与C-300导弹系统相似；另一种是装了3个大发射筒，在另一个发射筒位置装了4个小发射筒，因而可以根据需要混装两种导弹，导弹发射装置安装在8×8轮式越野车上。发射时，采用垂直冷发射方式，即先利用压力将导弹从储运发射箱中弹出，在导弹达到30米高度后巡航发动机才点火开机。

该导弹系统的第三个特点是可选择使用多种型号的导弹。这种导弹系统可以说是世界上第一个能有选择地发射几种导弹的地空导弹系统。也就是说，它既可发射早期研制的性能优越的导弹，又可发射两种新研制成的性能更好的导弹，其中一种是射程为400千米的远程导弹；另一种是9N96中程导弹，有两种型号，最大射程分别为40千米和120千米。

C-400 导弹系统的第四个特点是可打击多个目标。该导弹系统发射的射程为 400 千米的地空导弹，可拦截预警飞机、空中指挥站、电子战飞机、战略轰炸机、战术导弹和最大飞行速度为 3000 米/秒的中程弹道导弹。此外，它还可发射“火炬”设计局的中程地空导弹，能拦截隐身飞行器及处于各种高度和远距离的目标。

美中不足的是这种导弹系统价格昂贵，每套价格高达 6000~7000 万美元。这样，连俄罗斯国防部在 2005 年前都没有能力购买这种导弹，更不用说列装服役了。

从目前各国防空导弹研制的情况看，在近几年的时间内，C-400“凯旋”导弹将在防空导弹领域独领风骚。

英“长剑”2000防空导弹

英国于1991年研制成功的“长剑”2000防空导弹系统，能在各种复杂的气象、地理及严酷的电磁干扰环境下有效地拦截巡航导弹、反国辐射导弹，以及拦截装有地形跟踪系统的飞机、作垂直机动的直升机、各种无人机等，是当今世界上拦截目标种类最多的防空导弹。

这种导弹系统由导弹发射装置、搜索雷达和“盲射”跟踪雷达三部分组成。这三部分分别安装在3辆相同的自备发电机的拖车上，拖车由卡车牵引。导弹发射装置包括2个四联装的发射MK2导弹的发射架、光电跟踪系统和制导雷达。

“长剑”2000防空导弹系统可同时攻击2个目标。它不仅抗干扰能力强，具有较高的自动化程度和快速反应能力，而且还具有良好的防核、生、化的能力。

美"拉姆"舰载防空导弹

这是世界上第一种点防御舰空导弹，由美国和联邦德国于1978年研制成功，1987年开始生产，1990年服役，它主要用于拦截掠海飞行的反舰导弹、巡航导弹和高速飞机。这种点防御舰空导弹，是一种近程、超声速、轻型、快速反应的防空导弹系统。该系统在美国的航空母舰每个角上可装备一套，共配4套。

在20世纪的中东战争中，以色列驱逐舰被埃及发射的两枚苏制"冥河"SS-N-2反舰导弹击沉后，美国就想为小型舰艇研制一种廉价的点防御导弹系统，并且能为较大舰船提供辅助性防御，以对付反舰导弹的攻击。于是，"拉姆"反舰导弹的研制计划被提出来，并付诸实施。

"拉姆"导弹是在美国"响尾蛇"AIM-9L空空导弹的基础上改进而成的，两者在外形上基本相同，但内部改动较大。全武器系统由"拉姆"导弹和发射控制系统两大部分组成。这种导弹系统利用舰船上的探测设备提供目标的方位、距离和高度等信息。当导弹系统接收到目标信息后传送给指定的发射装置，导弹便处于待发状态。导弹一旦离开发射筒，弹上的被动雷达便自动跟踪目标。当红外信号足够强时，导弹控制由被动雷达工作方式转到红外工作方式，并由红外导引头精确跟踪，直到命中目标。

这种导弹的作战半径为9.1千米，弹长2.79米，弹径0.127米，翼展0.42米，弹重71千克。导弹速度大于2倍声速，机动过载大于20g。制导体制采用被动雷达寻的和红外寻的或全程被动雷达寻的。动力装置为

单级固体火箭发动机。战斗部采用连杆式，重约 10 千克，装烈性炸药约 3 千克，用近炸或触发引信起爆。

综合采用了各种先进技术的“拉姆”导弹，具有自动跟踪和较好的反掠海导弹能力。由于大量采用微电子和微处理机组合装置，使它电子控制组件减少一半，费用大幅度降低。这种导弹将来可发展成为一种陆基型的防空导弹，以作为机动的反飞机导弹系统。

美 AIM-120 中程空对空导弹

1981 年美国研制的 AIM-120 中程空空导弹，用于对付战斗机、战斗轰炸机及巡航导弹。最大射程 80 公里，最小 800 米，使用高度 20 公里，拦射攻击，使用条件为全天候。弹长 3.65 米，弹径 178 毫米。弹翼翼展 526 毫米，舵翼翼展 627 毫米。弹重 152 公斤。惯性或指令制导结合主动末制导。采用多普勒主动近炸引信。高能炸药预制破片定向战斗部，重 23 公斤，动力装置为双推力固体燃料火箭发动机。

先进中距空空导弹 AIM-120A 是一种全方向、全天候并具有下视、下射能力的空空导弹，其弹重约为 150.5 公斤 （“麻雀”228 公斤），直径 17.8 厘米(“麻雀”20 厘米)，弹长 3.58 米，翼展 53.3 厘米。射程可达 48 公里，速度为 4 马赫。

美国装备先进中距空空导弹的另一个优势就是能够使用目前“麻雀”导弹的维护设备和保障设备(从而避免重新制订一个庞大的地勤训练计划)；此外，美国现使用“麻雀”导弹的现役飞机不需改进挂架就能挂载这种新型导弹。

先进中距空空导弹的外形与“麻雀”导弹非常近似，唯一明显差别是翼面较小及尾翼面和麻雀略有不同。然而实际上，先进中距空空导弹是由尾翼控制，并不同于“麻雀”导弹。所以，这种导弹本可以省去弹翼(雷锡恩公司的竞争弹就是一枚无翼弹)，但因为要保证在大部分飞行包线内作战的高效率，仍然保留了小型弹翼。

尽管先进中距空空导弹的外形非常接近“麻雀”导弹,但它却是一种完全新型的导弹,并比将被取代的“麻雀”导弹性能好得多。研制组的主要目标是必须保证所设计的导弹具有以下特性:与“麻雀”导弹相比,可靠性高,抗干扰能力强,低空作战能力好,平均速度大,尤其要具备多目标攻击能力。

其使用最新数字技术和微型固态电子设备,使先进中距空空导弹具备了上述优点。其中一个细节就为导弹导引头装有平面矩降天线,天线直径仅有 7 英寸(17.7 厘米),但其发射功率竟比目前装备在许多一线战斗机的雷达功率还大。

先进中距空空导弹没有沿用“麻雀”导弹的常规半主动雷达的制导方式,而是大胆革新了制导方式,这正是其空战性能的关键所在。这一新型制导方式被称作指令一惯性/惯性/主动寻的复合制导, 这完全符合现行的制导原理,即尽量使“智能”集中于导弹本身,而不是集中于发射装置(坦克、飞机或步兵武器)。

先进中距空空导弹弹道部分可分成两个主段:中段和末段。导弹发射后(在中段),立即由导弹的惯性基准装置和微型计算机制导。微型计算机使用裁机的雷达系统提供的目标坐标,向导弹发射制导修正信号,供其校正目标坐标。数据链接收机安装在导弹尾部,在导弹弹道中段的最后部分,导弹 (这时接近目标)只依靠它本身的惯性装置制导,而不再需要载机传送修正信号;最后,在弹道末段,导弹的主动雷达导引头开机,选用高脉冲重复频率或中脉冲重复频率工作方式进行目标探测,并锁住目标,将导弹导向目标。爆破杀伤弹头由多普勒效应近炸引信引爆,或由触发引信引爆。

弹道两个主要段的长短——是指持续时间和距离——可根据战术情况和目标的特点而变化。中段全惯性制导也可以全部取消。而有趣的是,决定弹道中段转为末段制导的并不是由飞行员,而是由导弹本身的计

算系统作出的,但休斯飞机公司拒绝说明详细情况。

在非常复杂的电子战条件下,也可以使用先进中距空空导弹。当那些复杂条件超过导弹或载机的反干扰能力时,可选用部分或全程被动跟踪干扰源工作方式。在进行目标截获时可使用目视工作方式、雷达无干扰工作方式和跟踪干扰源工作方式,而中段指令惯性和末段主动制导方式,都可以用被动跟踪干扰源方式来取代,也可以采用复合制导方式。

例如,当敌人干扰功率非常大,甚至干扰了载机雷达时,可选用跟踪干扰源方式发射导弹,中段和末段也采用跟踪干扰源方式制导;在干扰不严重时用雷达制导方式发射导弹,中段采用指令惯性制导,末段改为跟踪干扰源制导。假若是后一种情况,选用主动雷达自导引方式,还是选用跟踪干扰源力式,由导弹本身决定。

先进中距空空导弹的制导原理非常类似于“鱼叉”和“奥托玛特”MK2舰对舰导弹所使用的中段修正制导原理。先进中距空空导弹制导原理提供的作战优越性,远远超过半主动雷达方式,因为后者,从导弹发射到命中目标要求载机一直照射目标。

当先进中距空空导弹进入自主阶段 (只用惯性制导或直接用主动雷达方式制导)时,我机可以任意改变航向和速度,做规避机动或攻击其他目标。如果在导弹的主动雷达作用距离内发射导弹,或用全程跟踪干扰源方式发射时,先进中距空空导弹可提供发射后即不管和发射后即脱离的能力,甚至整个弹道中段(指令/惯性+惯性制导)可以不用。

更为重要的是,这种导弹的载机如装有边扫描边跟踪雷达,它可同时发射8枚导弹攻击多个目标。到目前为止,只有使用大型复杂的AWG-9系统(AIM-54“不死鸟”导弹)的F-14飞机才具有这种能力(同时发射6枚)。由于不再需要载机雷达为导弹照射目标,因此,机载雷达可以跟踪交战中的其他目标,并在指令/惯性制导阶段,不断向导弹发送制导修正编码信号。

这种制导原理的另一个大优点是具有较好的弹道形状。当被攻击目标机的飞行轨迹以一个很大的角度与载机的飞行轨迹相交叉时，像“麻雀”那类导弹使用的半主动雷达制导导弹须将其制导系统与目标返回的雷达波束保持一致，因此，导弹要按“格斗曲线”从目标后方追击目标。在导弹沿曲线飞行时，机动应力和过载沿油线不断增大；当导弹接近目标时，如果目标做非常激烈的规避运动，导弹必须随之变动，以便保持击中目标的航向，而这种机动很容易超过导弹弹体的应力极限。

先进中距空空导弹则不会出现上述情况，它按修正的比例导引轨迹飞行，也就是说，导弹在指令惯性制导阶段和末段，不是连续指向目标，而是不断计算目标的航向和速度，判断目标的未来位置，取捷径而攻击之。因此，大大缩短了先进中距空空导弹的弹道，加之平均速度较高，飞行至目标所用的时间要比“麻雀”导弹短得多。这种导弹还必须能够承受较大的过载，即使在弹道末段的最后时刻，导弹也完全能够对付做任何规避机动动作的目标。

先进中距空空导弹不同于“麻雀”导弹，它有两种发射方式：弹射发射(如“麻雀”导弹)和导轨发射(如“响尾蛇”导弹)，从而提高了作战机动性。在第一种情况下，导弹向下或向外弹射，然后发动机点火；在第二种情况下，导弹靠本身的发动机推力离轨。所以，先进中距空空导弹不仅可挂在目前“麻雀”导弹使用的悬挂点上，而且也可挂在 F-16 飞机翼尖处“响尾蛇”导弹的导轨上。

当飞机装备先进中距空空导弹后，得益于多目标攻击能力，作战能力必然会有极大的提高，这并不亚于大量增加飞机数量所起的作用。

改进的 AIM-120B 该导弹采用了一个新型的数字处理器，可擦可编程只读内存和 5 个主要的电子硬件单元的升级，并且降低了生产成本。

AIM-120C 该型导弹可以说是 AIM-120 系列中最为重要的一

种。和基本型弹相比,其装有重新设计过的弹头和改进的火箭发动机及改进的近炸引信等。这样的改动使 AIM-120C 最终获得了对付巡航导弹的能力。为了便于 F-22 内部挂架携带,其外形也做了修改,采用更小的弹翼或可折叠的弹翼,使尺寸更加缩小。

美“猎鹰”空对空导弹

“猎鹰”空空导弹是战后美国研制并装备使用的第一个空空导弹型号，也是战后世界上现役最先进的空空导弹。该导弹及其配套使用的机载火力控制系统，均由美国休斯飞机公司研制。在参与第二次世界大战的所有国家中，美国是唯一把战火拒之门外、本土安然无恙的国家，因而也是战后唯一有雄厚经济实力迅速发展各类导弹核武器的国家。

正是在这种背景下，美国休斯飞机公司于1947年自投资金，在同年研制成功的“受激辐射微波放大”(MASEB)器件的基础上，研制一种能从截击机上发射的、不受任何气象条件限制的雷达制导导弹。1949年，休斯飞机公司向美国海、空军提交研制称之为“猎鹰”空空导弹的建议书。这项计划在当时被认为是无法实现的，因为当时最好的小型雷达也只能装在重型截击机上，故遭到了海军的拒绝，但空军为解决其防空截击机远距拦截武器装备之急需而接受该建议。

休斯飞机公司于1950年开始设计制导系统，到1951年已花费数百万美元，为研制发动机和其他部件更花费了出乎意料的巨额款项。到1953年6、7月间，休斯公司面临严重的资金短缺，其直接后果是许多著名的专家流失。1953年底，该公司经理H.乔治同他的全班人马撤走，使休斯飞机公司几乎陷入破产境地。休斯飞机公司的创建人——豪厄德·休斯，被迫动用他拥有的、占环球航空公司80%的股金，不顾各方反对，继续坚持研制“猎鹰”空空导弹。

随着微小型电子元件的发展应用，到 1953 年，导弹的心脏部分——制导装置已见端倪。从 1950 年时，占据 $1m^3$ 空间的装满电子管、变压器、干电池的庞大设备改造为 1 个长圆筒形装置。到 1954 年初，其体积进一步缩小到直径 150mm、长度 0.5m 的 1 个部件，达到了原来确定的设计标准。随后制成了供空中试射用的代号为 XF-98 的“猎鹰”导弹。与此同时，设计了与之配套使用的 XMA-1 火力控制系统。1954 年春，在军方观察人员面前，从 F-94 战斗机上首次实弹试射，尽管地面遥控的 B-17 靶机作各种规避机动，还是被导弹上的雷达导引头截获、跟踪，在几秒钟内被击落。首次试射成功，使休斯飞机公司得以从五角大楼获得一笔继续改善和提高导弹性能的经费。1954 年，小批投产并装备部队使用，到 1955 年即从军方获得“猎鹰”导弹和 MA-1 火控系统的大量订货。至此，休斯飞机公司走出困境，进入大发展的新时期。

首次进入空军服役的“猎鹰”空空导弹，最初编号为 GAR-1，随后在该型号基础上迅速改进发展，到 1961 年 3 月向空军交付了 30000 多枚各型“猎鹰”导弹。其中，4000 枚 GAR-1/1D，9500 枚 CAR-2，300 枚 GAR-3“超猎鹰”，800 枚 GAR-3A“超猎鹰”，100 枚 GAR-11“核猎鹰”。1962 年，上述 GAll-1/2/3/4/11 各型号按三军统一编号改为 AIM-4/26/47。到 1970 年，“猎鹰”导弹就发展为包括 12 种型号的完整系列，成为美国空军国土防空截击机的标准装备，并向瑞士、瑞典和芬兰空军输出。虽然该导弹系列发展很快，其形成期所跨越的年代比美国同时发展的“响尾蛇”空空导弹系列要短得多。但面对现代局部常规战争，两者的命运却大不一样。

“猎鹰”导弹是为拦截敌方非机动轰炸机编队而设计的，该系列中仅有 AIM-4D 红外型有机会在越南战场一试身手。这个专门为美国空军 F-4D 战斗机改进的第一个近距空战导弹在与越方战斗机空战中，共

发射 43 枚，仅 4 枚命中目标，如此低的命中率使其迅速被美国空军撤下战场，被同时代的更适宜于近距空战的“响尾蛇”AIM-9D 型所取代。其余“猎鹰”导弹系列型号留在本土的截击机上，而北越的飞机不可能飞到美国本土去轰炸，“猎鹰”系列导弹当时无用武之地。到 1971 年，该系列中在 AIM-4D 基础上改进的最新型号 AIM-4H 因无订货而被迫取消，随后生产线全部关闭，至此“猎鹰”空空导弹走到了尽头。

美"猎鹰"空对空导弹

该系列导弹具有相同的气动外形布局和相似的舱段结构。头部呈半球形，弹体呈圆柱形，4 片三角形弹翼及其矩形舵面位于弹体后部，弹体、弹翼均采用镁合金制成，后弹体内装 1 台锡奥科尔公司的固体火箭发动机。近、中距型头部有 4 片带圆角的小鸭翼安定面，远距型头部有 4 片分别处于每片弹翼之前的边条，与 4 片弹翼处于同一平面。

“猎鹰”系列按制导方式不同，分为半主动雷达型 AIM- 4/4A/4E/4F/26A/26B/47A、红外型 AIM-4B/4C/4D/4G/4H 和半主动雷达加被动红外复合制导型 AIM-47A；按战斗部装药不同，分为常规战斗部型 AIM-4/4A/4B/4C/4D/4E/4F/ 4G/26B/47A 和核战斗部型 AIM-26/26A/47A；按射程分为近距型 AIM-4A/4B/4C/4D/4H/26A/26B、中距型 AIM-4E/ 4F/4G 和远距型 AIM-47A；按作战性能水平，可分为两代、三挡：第一代 AIM-4/4A/4B/4C，第一代半 AIM-4D，第二代 AIM-4E/4F/4G/4H/26A/26B/47A。

美导弹防御系统

美国最早的导弹防御武器系统产生于1960年代,始称"哨兵"系统。其后,美国对其导弹防御计划曾几度修改,先后制定过"卫兵"、"星球大战"、"弹道导弹防御"等导弹防御计划。

"哨兵"系统是美国最初的导弹防御系统,由约翰逊总统于1967年下令部署,主要用于保护美国本土的人口密集地区。

1968年,美国对"哨兵"导弹防御系统进行了审议,将其改为"卫兵"防御系统,保护的目标由人口密集地区改为美国的战略核力量。美国会于1969年批准部署"卫兵"系统。由于技术原因,该系统于1976年被关闭。

"星球大战" 计划是美国总统里根提出的发展导弹防御武器系统计划的形象化称谓,1983年3月该计划提出时, 正式名称叫 "战略防务倡议"(SDI)。"星球大战"计划的拦截武器系统分为定向能武器和动能武器。

定向能武器包括天基(部署在太空的)激光武器、陆基激光武器、天基粒子束武器等;动能武器包括高性能反导弹导弹、密集发射火箭弹、精确制导的高速炮弹等。陆基雷达担负监视、搜索、跟踪、识别和杀伤评估等任务;天基传感器即预警卫星主要用于探测来袭导弹的发射点,对来袭导弹的飞行进行跟踪和识别。指挥、控制和通讯系统用大型计算机和先进的通讯系统将反导弹武器系统的所有组成部分有机地联系起来,实施高效快速的信息传输和作战指挥。

“星球大战”计划从 1983 年 3 月提出，到 1993 年 5 月中止，共经历了 3 个阶段。在头两个阶段中，美国在重点研究战略防御系统的同时还附带研究战区导弹防御系统。第三阶段中，要求建立一个包括战区导弹防御系统、国家导弹防御系统的全球导弹防御体系。其要达到的目的是，保护美国和盟国免遭苏联和第三世界国家少量的导弹攻击 (最多拦截 200 个弹头)。按这一阶段要求优先部署战区导弹防御系统，重点发展战略防御系统。克林顿就任美国总统后，于 1993 年 5 月宣布停止执行“星球大战”计划，转而执行“弹道导弹防御” (BMD)计划。“弹道导弹防御”计划包括两个部分；一是战区导弹防御系统(TMD)，为“弹道导弹防御”计划重点发展的武器系统；二是国家导弹防御系统，已降为次要地位。

战区导弹防御系统的拦截武器由陆基、舰载、机载的拦截武器组成。陆基和舰载拦截武器包括低层拦截武器和高层拦截武器。目前仅装备了低层拦截武器。陆基的拦截武器是“爱国者”导弹，舰载的是“宙斯盾”导弹，这两种导弹均只能在来袭导弹进入末段飞行阶段时才能实施拦截。机载拦截武器主要用于对来袭导弹助推段的拦截，目前尚处于试验阶段。

“弹道导弹防御”计划提出后，美国在自己加紧发展的同时，还推动其他国家与其合作发展战区导弹防御系统。在亚太地区，美国谋求把日本、韩国、中国台湾地区纳入其战区导弹防御系统。1998 年 9 月，美国议会通过一项法案，要求国防部研究在日、韩、中国台湾建立战区导弹防御系统。同月，美日达成从 1999 年度开始合作发展舰载高层战区导弹防御拦截武器的协议。

国家导弹防御系统在“弹道导弹防御”计划提出后的一段时间内受到了冷落。1996 年 2 月，美国防部在完成对“弹道导弹防御”计划的审查后建议，将国家导弹防御系统的费用由每年大约 4 亿美元增加到 6 亿

美元，并把国家导弹防御系统的“技术准备计划”改为“部署准备计划”。美国防部还向国会承诺实施“3+3”计划，即先用3年时间“研制国家导弹防御系统的各组成单元”，1999年进行首次综合试验；然后再用3年时间完成国家导弹防御系统的研制和部署。

2001年，美国新总统小布什上台后，再次把发展导弹防御系统提上了议事日程。导弹防御系统，即弹道导弹防御系统分为“国家导弹防御系统”(Theater Missile Defense，缩写为TMD) 和 “战区导弹防御系统”(National Missile Defense，英文缩写为NMD)两部分。

从作用来分，也分为战区导弹防御系统和战略导弹防御系统两类。导弹防御系统实际上是20世纪“星球大战”计划的继续。TMD按照防御范围可以分为低层和高层反导弹防御体系。其中，低层反导系统可在150千米以下拦截来袭目标；高层反导系统的拦截高度为150~1000千米。

美导弹防御系统

俄"冥河"SS-N-2舰对舰导弹

俄罗斯海军近程亚声速巡航舰舰导弹，又称"冥河"导弹，是在日本"神风突击队"的启发下研制成功的一种反舰导弹。1960年装备部队，主要装备在小型导弹快艇上，如"蚊子"级、"黄蜂"级等，适用于攻击大中型水面舰船，用作近岸防御武器。该导弹除俄罗斯自己装备外，还远销到阿尔及利亚、保加利亚、古巴、德国、埃及、印度和越南等十余个国家。SS-N-2还是最先采用末制导技术的舰舰导弹，在无电子干扰时，实战命中率很高。

当海防警戒雷达发现目标后，装备"冥河"导弹的导弹快艇便出航至指定海域，然后，由艇上雷达搜索和跟踪目标，同时进行诸如计算和装定，迅速操纵导弹快艇转到战斗航向，发射导弹攻击目标。

在1963年第三次中东战争中，埃及想尝试一下用导弹打击战舰的方法，结果用4枚"冥河"SS-N-2导弹成功地击沉了以色列的"埃拉特"号驱逐舰和一艘商船，成为世界上最早击沉战舰的舰舰导弹，并从此揭开了海上导弹战的序幕。埃及此举震动了西方各国，从而也促使法、美等国家加快了其反舰导弹的研制进程。

该导弹弹长6.5米，弹径760毫米，翼展2.4米，全弹重2500千克，最大射程42千米，巡航高度100~300米，巡航速度为马赫数0.9，全天候作战。制导与控制系统采用终端自动驾驶仪和末段主动雷达寻的复合制导方式。制导系统由自动驾驶仪、高度表、主动雷达导引头和程序

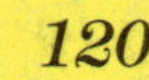

装置组成。导弹采用常规装药的聚能爆破穿甲型战斗部。

1968年以后装备部队的“冥河”导弹，称为SS-N-2B。在1971年印巴战争中，印度发射了13枚，命中12枚。但因它的巡航高度高，速度慢，容易被高速火炮击中，而且抗干扰能力差，不适应当前电子战环境的需要，因而已停止生产。在第四次中东战争中，埃及和叙利亚发射了50枚SS-A-2B导弹，无一命中目标。

美"标准"舰空导弹

"标准"导弹是美国研制的中远程导弹,也是一种全天候空域舰载防空导弹武器系统。它主要担负航空母舰编队的区域防空任务,用于对付各种来袭的高性能飞机、飞航导弹和战术弹道导弹,是目前世界上性能最先进的中远程舰空导弹之一。它于1968年开始装备部队。30多年来,为满足不断发展的作战需要,它经过多次改进,已发展成拥有16个系列的"标准"导弹家族,在美国"小猎犬"、"宙斯盾"等军舰上使用。据称,该导弹还是世界上装备数量最多的舰空导弹。

"标准"舰空导弹属于美国第二代防空导弹,分为中程和增程两种。其中"标准"RIM-66导弹为中程型,它又分为两种型号:即SM-1MRT、SM-2MR,其弹长分别为4.48米和4.72米,弹径为0.34米,翼展为1.07米。动力装置采用固体燃料火箭发动机;战斗部为破片杀伤式,装70千克高爆炸药;射程分别为40千米和70千米,最大射高为19.8千米,最大速度可达马赫数2~2.5,分别采用无线电指令加半主动雷达制导和无线电指令加惯性加主动雷达制导。这两种导弹分别于1968年和1978年服役。

"标准"RIM-67导弹为增程型,即"标准"-2型,它也有两种型号:即SM-2ER和SM-2ER改4型,其导弹弹长分别为7.98米和6.5米,弹径0.34米,翼展1.58米。射程分别增加到120千米和150千米,飞行速度为马赫数2.5,射高提高到24.4千米。制导方式分别采用无线电指令加半主动雷达制导和无线电指令加惯性加半主动雷达制导。战斗部为携带破片

式杀伤战斗部。当破片击中目标后，还具有助燃的作用。其中，“标准”SM-2ER 改 4 型导弹为最新型，具有垂直发射能力，它于 1992 年装备部队。“标准”导弹从发射到制导全部实现了自动化。首先，它采用的是标准的 MK41 垂直发射系统。该系统由弹库和发射控制系统两部分组成。弹库安装在舱面以下，它由若干个大小相等、形状相同的基本弹舱组成。弹库的大小是根据军舰的需要和甲板空间而定，有可装 61 枚导弹的标准把弹舱库和可装 29 枚导弹的四弹舱弹库。如“阿利”级导弹驱逐舰首部装一个四弹舱弹库，尾部装一个标准弹库，共携带 90 枚导弹。

该导弹发射控制系统由两个发射控制单元和电传打字磁带机，以及输入/输出等外围设备及控制台等组成，它通过数据传输线路和接口装置与舰上的“宙斯盾”自动化防空指挥系统相连接。当搜索跟踪雷达和导弹制导雷达发现目标时，迅速将信息传送到舰上的指挥控制中心，作出判断后，向 MK41 发射系统发出攻击指令。此时，MK41 发射系统立即进行弹舱和弹室选择，导弹接通电源，发射舱盖和烟道舱盖自动打开，发动机瞬间点火，达到临界推力后，导弹与发射箱的制动销脱落，导弹便从发射箱前盖射出。同时，发动机推力将发射箱后盖冲开，燃气流入排气室，通过垂直烟道排出。

导弹飞出一段时间后，发射舱盖就自动关闭。这种垂直发射系统可以全向发射，没有盲区，而常规导弹发射装置发射扇面只有 90 度；而且垂直发射系统反应时间短，发射率高，常规发射装置反应时间最快 14 秒，发射速度为 12 发/分，而垂直发射系统的反应时间小于 4 秒，发射速度为 1 发/秒。

当导弹发射后，接收“宙斯盾”防空指挥系统相控阵雷达的编码脉冲信号进行中段制导。导弹寻的最后阶段由火控系统照射雷达提供末端制导。由于舰上设置的 4 个火控雷达均由计算机控制，因而它可以同时制导 18 个目标。

美国正计划以“标准”导弹系统为基础，把“爱国者”、“海麻雀”等导弹的有关先进技术吸收进来，发展海基战区导弹防御系统。

法“飞鱼”AM39式空舰导弹

在1982年的英国、阿根廷的马岛战争中，阿根廷空军以一枚“飞鱼”空舰导弹一举击沉了英国现代化的大军舰，成为世界上第一种在实战中击毁军舰的空舰导弹。

法国航空公司研制的超低空掠海飞行的“飞鱼”AM39式空舰导弹，是在“飞鱼”AM38式舰舰导弹的基础上发展起来的，用来装备直升机和固定翼飞机，以攻击各种水面舰艇。1972年开始研制，1980年开始服役，并已销往许多国家。自20世纪80年代以来，该导弹系列多次在战争中运用，并为空舰导弹的发展历史留下了最辉煌的一页。

1982年英国和阿根廷在马尔维纳斯群岛爆发了战争，5月4日这天，阿根廷的一架P-2V“海王”式水上巡逻飞机发现了英国“赫尔墨斯”号航空母舰和“谢菲尔德”号驱逐舰。阿根廷立即出动两架法制“超级军旗”攻击机携带“飞鱼”AM39式反舰导弹，去攻击这两艘英国军舰。阿根廷飞行员凭借高超的技术驾机掠海面飞行。这样的高度，再先进的雷达也难以捕捉到目标。为了做到完全隐蔽，飞行员还关闭了机载雷达，以避开英舰雷达的探测。

当飞机在距英舰46千米的距离时，迅速爬升到150米，短暂地打开雷达对英军舰只定位，并迅速将目标数据输入到机载“飞鱼”式导弹计算机程序系统，然后再降到低空。在大约43千米距离上，两架飞机都发射了导弹，飞机则急转弯并降至30米高度，退出了敌舰防空导弹杀伤区。

“飞鱼”导弹在距离海平面近15米的高度上以亚声速飞行，其主动雷达导引头在12~15千米处捕捉到了这个长125米、满载排水量为4100吨的庞然大物。此时，“谢菲尔德”号驱逐舰毫无察觉，仍以30节的航速在海面上悠然地行驶。导弹飞行大约2分钟时间，其中1枚导弹在命中前的4秒钟才被“谢菲尔德”号舰桥上警戒的一个监视哨发现，但为时已晚，伴随着舰长一声“全舰注意隐蔽”命令声，一枚导弹在吃水线以上不到2米的地方穿进了工作室，并在舰体内的机械操作和装备中心爆炸。另一枚导弹可能因制导系统故障而坠入海中。

霎时，火光如闪电，炸声如响雷，剩余的导弹燃料与舰上的电缆和油漆一起燃烧起来，“谢菲尔德”号驱逐舰陷入一片火海之中。在舰长的指挥下，全舰官兵奋勇同大火搏斗。但此次打击是灾难性的，舰上的电力和动力系统全部遭到破坏，消防系统严重破坏，军舰已失去自救能力。无奈之下，舰长不得不下令放弃军舰。全舰20人死亡，24人被烧伤。

一发价格仅为20万美元的“飞鱼”导弹，竟使一艘价格在2亿美元的现代化驱逐舰葬身大西洋底，真是不可思议。“飞鱼”导弹首战告捷，身价倍增，每枚售价暴增至100多万美元，一时间竟成为国际军火市场上的抢手货。

“飞鱼”AM39导弹弹长4.69米，弹径0.35米，翼展1. 004米，发射质量650千克，射程50千米，巡航速度为马赫数0.93，弹头重165千克，采用惯性和主动雷达寻的制导。导弹的动力装置由助推发动机和固体燃料续航发动机组成。助推发动机通过迅速燃烧，并在2秒内使导弹由静止状态加速到近声速状态；其续航发动机产生的高压气体可经过导气管排至弹尾中心的续航发动机喷嘴，能使导弹以大约马赫数0.93的速度持续飞行150秒。因此，空射“飞鱼”的发射方式比较独特。

发射时，“飞鱼”导弹先自由下坠大约1秒钟，使其离开机体大约10

米后，助推发动机才点火工作，使导弹以超声速向前飞行，在降至海面上空约 10~15 米之后，再点燃续航发动机，以亚声速巡航飞行，此阶段由惯性导航，最远可达 30 千米；当进入导弹主动雷达寻的距离时，导弹下降至 2~5 米，接着以 2 米左右高度接近目标，最后掠海飞行攻击舰船水下部位。

“飞鱼”导弹的战斗部为半穿甲型，重 165 千克，内装 65 千克高能炸药，采用延迟和近炸双重引信。

俄“扫帚”SS-N-1舰对舰导弹

俄罗斯海军第一代舰艇舰导弹“扫帚”SS-N-1导弹，是世界上最早使用的舰舰导弹。它是在德国V-1巡航导弹的基础上发展起来的，主要用于攻击航空母舰、大型水面舰艇、港口和海岸目标。1958年装备部队。

“扫帚”SS-N-1舰舰导弹弹长7.6米，弹径1米，翼展4.6米。发射质量3200千克。有效射程22千米，最大射程185千米。巡航高度300~3000米，巡航速度为马赫数0.9。采用无线电指令加红外线末制导。战斗部分为常规战斗部和核战斗部。常规战斗部重750千克，核弹头当量为1000吨级。动力装置为一台涡轮发动机和一台固体火箭助推器。采用可瞄准式双轨发射架，该发射架长17米，宽4米，从甲板至发射架顶高约5.5米。这种导弹正在逐渐退役。

俄 SS-N-19 舰对舰导弹

SS-N-19 是俄罗斯研制的一种远程超声速掠海飞行的多用途反舰导弹，属于 SS-N-12“沙箱”导弹的后继型。该导弹也是世界上第一个速度大于马赫数 2 的远程掠海飞行反舰导弹，主要用来攻击航空母舰和大型水面舰艇。它于 20 世纪 70 年代初开始研制，1979 年装备部队。该导弹最先装备在“基洛夫”号核动力战略巡洋舰上，1982 年装备在新建的“布勒克抗”号巡洋舰上。

该导弹弹长 10.5~11 米，弹径 0.8~1.1 米，翼展 2.6 米，折叠后 1.6 米，发射质量 5~7 吨。有舰外制导设备时，射程大于 500 千米；无舰外制导设备时为 55 千米。飞行速度大于 2.5 倍声速。巡航高度 70 米，末段掠海高度 10~20 米。制导方式为惯性中制导加主动雷达或被动红外末制导。战斗部有两种：常规战斗部重 1000 千克；核战斗部的 TNT 当量为 35 万吨级。动力装置为一台涡轮喷气发动机和两台固体助推器。

俄SS-N-19舰对舰导弹

俄 SS-N-7 舰对舰导弹

SS-N-7 舰舰导弹是俄罗斯海军第一代水下发射和巡航潜舰导弹，又名“海妖”导弹，也是世界上最早的水下发射反舰导弹。它是在“冥河”SS-N-2 导弹的基础上发展来的一种巡航导弹。其外形像无人驾驶的“米格”飞机，主要用来攻击水面各种舰艇。装备在俄罗斯海军的 12 艘 C-1 级核潜艇上，共装备了 140 枚。在水下 20~40 米发射导弹时，此时潜艇的航速为 8~18 节，导弹从 45°倾角爬升到水面，出水后再爬高到 150 米后下降到 30 米巡航飞行，最后向目标俯冲。

该导弹与 C-1 级核潜艇构成潜舰导弹系统。C-1 级核潜艇的排水量为 5000 吨，水下航速 28 节。该潜艇装备了先进的声呐设备，探测距离为 50 千米，这种潜舰导弹系统是俄罗斯争夺制海权的重要武器。

该导弹弹长 6.7 米，弹径 550 毫米，发射质量 3500 千克，最大射程 100 千米，最小射程 10 千米。巡航高度 30 米，巡航速度为马赫数 0.95。制导体制为自控加主动雷达或红外寻的制导。战斗部重 500 千克，内装高能炸药。也可装核弹头，其 TNT 当量为 20 万吨。

俄 SS-N-13 潜舰导弹

SS–N–13 潜舰导弹是苏联海军于 1969 年制成的多级弹道式战术潜舰导弹，也是世界上第一种也是唯一的弹道式远程反舰导弹，可用来攻击航空母舰和大型水面舰艇。1973 年，苏联海军又对它重新进行试验。原计划将它装备于 Y 级核动力潜艇，后因故没有装备。

SS–N–13 反舰导弹弹长 10 米，弹径 1 米。它的射程为 185~1100 千米，飞行速度为 4 倍声速，弹道最高点为 300 千米，采用水下垂直发射方式。制导方式为惯性制导加主动雷达寻的制导，它的战斗部为核弹头，其动力装置为两级液体火箭发动机。导弹的目标探测、跟踪设备在弹道最高点的 300 千米高空开始工作，对预定海域进行搜索，可捕获离瞄准点 65 千米以内的目标。捕获目标后，用工作 5~15 秒的控制火箭修正导弹的飞行弹道，到再入体分离时再次修正，最后直接飞向目标。

意、法“奥托马特”I反舰导弹

“奥托马特”I反舰导弹是意大利和法国联合研制的中程反舰导弹，也是世界上第一个采用小型涡轮喷气发动机推进的超视距作战的反舰导弹，主要用来攻击大中型水面舰艇。

1968年意大利和法国分别开始研制，1970年两国开始联合研制，1977年定型生产。这种导弹除装备法国和意大利海军外，还出口埃及、英国、利比亚、秘鲁等国。1983年，“奥托马特”I导弹已发展了“奥托马特”岸舰型导弹，正在发展空舰型。由于法国和意大利两国都享有独立的生产权和出售权，两国又逐步实现国产化，因而形成了意大利“奥托马特”导弹和法国“奥托马特”导弹。

“奥托马特”导弹弹长4.82米，前段弹径400毫米，后段弹径460毫米，翼展1.196米，发射质量770千克(无助推器的为550千克)。有效射程60千米，最大射程80千米。飞行速度为马赫数0.7~0.93，巡航高度30米。在有效射程命中概率为90%，最大射程下命中概率为80%。可全向发射，反应时间30秒。采用惯性加主动雷达末制导体制，导引头搜索距离为6千米。战斗部采用半穿甲爆破型，重210千克，装药65千克。动力装置采用两台固体助推器和一台涡轮喷气发动机。发动机长1.36米，直径410毫米，起飞推力3777牛，续航工作时间为30分钟。助推器直径202毫米，工作时间4秒。

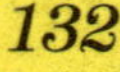

英"海标枪"舰对空导弹

"海标枪"导弹是英国研制的第二代舰空导弹，主要用于拦截高性能飞机和反舰导弹，也能有效攻击水面目标。1962年8月开始研制，1965年进行发射试验，1967年11月开始生产，1973年装备部队。在1982年英阿战争中，英国将94枚"海标枪"导弹分别配置在"无敌"号航空母舰、"布里斯托尔"号轻型巡洋舰以及"谢菲尔德"、"格拉斯哥"、"南安普敦"和"考文垂"号驱逐舰上。"海标枪"导弹曾成功击落阿方5架飞机和1架"美洲豹"直升机。在海湾战争中，英军用该导弹成功地拦截了伊拉克的反舰导弹，创造了首次反导战例。

该导弹弹长4.36米，弹径0.42米，翼展0.91米，导弹全重550千克，最大飞行速度为3.5倍声速。战斗部采用预刻槽式破片战斗部及无线电近炸引信，杀伤半径为9米。导弹的最大作战半径70千米，最小作战半径4.5千米，作战高度为0.03~22千米，反应时间为13.5秒，制导体制采用全程半主动雷达寻的发射方式为双联倾斜发射架发射。动力装置中的助推器为固体发动机，主发动机为推力可变的液体冲压喷气发动机。导弹平时存放在有空调的弹舱内。

法“飞鱼”MM40舰对舰导弹

“飞鱼”MM40导弹是法国研制的一种高亚声速、掠海飞行、超视距作战的反舰导弹，主要用于攻击各种水面舰艇。该导弹是世界上销量最大、用于实战最多的一种导弹。它是在“飞鱼”MM38和“飞鱼”MM39的基础上以较小的费用研制而成。1973年开始研制，1980年完成鉴定试验，共试射110枚，成功率为92.7%，1981年开始服役。到目前为止，“飞鱼”导弹已经发展了多个型号，可以潜射、舰射、岸射和空射，除法国自己装备以外，还出口英国、德国等几十个国家。

该型导弹多次参加实战，尤其是在1982年的英阿马岛之战中，阿根廷空军就是用“飞鱼”导弹击沉英国“谢菲尔德”号驱逐舰和重创“格拉摩根”号驱逐舰的。此外，在两伊战争和海湾战争中也曾被多次使用过，并且取得了非常好的作战效果。据实际统计，其可靠性和命中概率均高于相应的设计值，分别高达93%和95%。

“飞鱼”导弹采用触发延时和近炸双重引信，可以“发射后不用管”，全天候作战。中段采用简易惯性制导，末段采用主动雷达导引。战斗部为半穿甲爆破型，重165千克。动力装置采用一台固体火箭主发动机和一台固体火箭环形助推器。其所用固体火箭主发动机比“飞鱼”MM38导弹有较大的改进。

导弹全长5.8米，弹径0.35米，翼展1.135米，尾翼展760毫米，全弹重855千克。最大射程70千米，飞行速度为马赫数0.93，弹道最高点

不超过 60 米，标定值为 30 米，巡航高度为 15 米。

1969 年法国与英国曾协商过共同研制“飞鱼”导弹，但现在法国无论有没有英国的合作，仍在继续对“飞鱼”导弹系列进行新的改进。

俄"投球手"X-31空对舰导弹

"投球手"X-31导弹是俄罗斯于20世纪80年代末研制成功的一种世界上射程最远的空舰导弹,其最大射程约为300千米以上。在海湾战争中,多国部队成功地使用"企鹅"、"小牛"、"海鸥"等空舰导弹横行于海湾,形成了以空制海的局面。由于空舰导弹的出色表现,使它一跃成为"以空制海"的一张"王牌"。然而,随着各种反导弹技术,特别是反导导弹的迅速发展,使空舰导弹遇到了严重的突防问题。于是在20世纪80年代初,各国便开始了研制新一代导弹的工作。

俄罗斯的"投球手"X-31导弹的研制成功,正好弥补了空舰导弹的不足。该导弹的最大特点是动力装置采用火箭和冲压式组合发动机,使射程可达70~100千米,飞行速度可达3倍声速,一般的防空火力很难对其实施拦截。

这种导弹全长5.2米(A型),弹径0.36米,全弹重600千克,战斗部重150千克,小型军舰命中一枚即可被击沉。俄罗斯正在将这种导弹改为反预警机的空空导弹。美国已采购一批这种导弹作为研究之用,并已仿制出类似的靶弹提供给军方。

美"阿斯洛克"舰潜导弹

这是一种由水面舰艇发射的近程弹道式反潜导弹，也是世界上装备最多的一种反潜导弹。该导弹于1956年6月开始研制，经过三年多的时间，进行了成功发射试验后才正式投入生产。"阿斯洛克"导弹从1961年夏天起开始装备美国海军驱逐舰、护卫舰和巡洋舰，日本的"天津风"号驱逐舰装备的也是这种导弹。

导弹弹长4.57米，弹径0.337米，全弹重486千克，最大射程8千米，飞行速度近似声速。导弹弹体呈圆柱形，弹体分为两段，前段是鱼雷，后段是火箭发动机，具有十字形尾翼。制导与控制装置在导弹发射后按无控弹道飞行，由舰载声呐测定目标位置。战斗部为音响寻的鱼雷或核深水炸弹。动力装置采用固体火箭发动机。

在作战时，目标潜艇的航向、距离和速度由舰上计算机在声呐发现潜艇后的几秒钟内算出。八联装的标准发射架或改进的双联装"小猎犬"导弹发射架对准方向。于是，舰上司令官选定装有最合适的战斗部的导弹，并把它发射出去。在飞向目标的航线上，"阿斯洛克"导弹按预定的信号抛掉其火箭发动机。然后，绑住弹体的一条钢带被一小的炸药炸开。于是，弹体降落，让深水炸弹落入水中，或用降落伞使鱼雷减速，降至水面。

俄"立夫"舰对空导弹

俄罗斯的"立夫"导弹是目前世界上射程最远的舰空导弹。这种导弹是一种全天候中程、中高空舰载防空导弹武器系统，主要用于舰艇编队防空。1979 年开始服役，装备在"基洛夫"和"光荣"级导弹巡洋舰上。

该导弹采用多功能相控阵雷达和垂直发射系统，制导方式为无线电指令制导和特殊的半主动雷达寻的。战斗部为破片杀伤型。"立夫"导弹的最大射程约为 90 千米，射高为 30 千米，最大速度为 6 倍声速。这种导弹全长 7.3 米，弹径 0.5 米，导弹全重 1660 千克。

俄"立夫"舰对空导弹

美"捕鲸叉"舰对舰导弹

"捕鲸叉"导弹是美国研制的一种亚声速全天候中程巡舰战术反舰导弹。由于该导弹具有良好的作战使用性能,因此,它是目前世界上装备最广泛的反舰导弹,仅美国就有234艘战舰已装备或等候装备这种导弹。有多达16个国家已装备或等待装备该型导弹,其中亚洲国家主要集中在日本等国。它是由麦克唐纳公司、道格拉斯公司于1972年开始为美国海军研制的,1981年开始装备潜艇。整个武器研制计划由美国海军空中系统司令部管理并得到海军军械系统司令部的支持。这意味着"捕鲸叉"导弹能够从飞机和军舰上发射以攻击军舰等目标,并具有较远的射程。该型导弹已多次参加过实战。在海湾战争中,美军所有参战舰艇都装备有"捕鲸叉"导弹。

目前,已装备或正在装备该导弹的攻击型核潜艇有"鲟鱼"级、"长尾鲨"级、"一角鲸"级、"科普斯科姆"级和"洛杉矶"级。一艘战舰上装备2个四联装箱式发射装置,配备8枚导弹,个别大吨位级别的战舰有4个发射架,配备16枚导弹。1982年,潜射"捕鲸叉"导弹开始向英国、日本出售,英国还获得其生产权。导弹的单价略高于92.4万美元。导弹装在浮力运载器内,通过鱼雷管投射,出管速度达15.24米/秒。在浮力作用下,以45°倾斜角爬升到水面,出水时导弹助推器点火。导弹以10g的加速度射出。助推器脱落后发动机启动,控制系统开始工作,使导弹转为巡航飞行。运载器长6,25米,直径530毫米,重400千克,净浮力为2668牛。

该导弹弹长4.581米,弹径344毫米,发射质量667千克。最小射程11千米,最大射程110千米。巡航高度中段为61米,末段为15米,巡航速度为马赫数0.75。角雷管水平发射,发射深度从潜望镜深度到水下30~50米。采用宽频率捷变主动雷达导引头和先进的计算机逻辑电路,以提高抗干扰能力。该导弹具有末段突然跃升而后俯冲攻击目标的能力。

制导体制为中段惯性制导和末段主动雷达寻的导引。采用MK-113或MK-117后控系统,其主动声呐定向探测距离可达65千米,全向探测距离达15千米;被动声呐全向探测距离达176千米。

战斗部为半穿甲爆破型,重约230千克,配以延迟触发和近炸引信。动力装置采用固体助推器和涡轮喷气发动机。

美"捕鲸叉"舰对舰导弹

反辐射导弹

反辐射导弹又称为反雷达导弹，主要以防空系统的无线电辐射源为目标，重点打击、摧毁防空系统雷达。作为雷达的克星，反辐射导弹是现代空袭与反空袭斗争的产物。从60年代在越南战场投入使用到最近的伊拉克战争，许多战例表明，反辐射导弹是压制防空系统十分有效的手段，为夺取战场电磁优势、充分发挥空袭武器装备的效能提供了有力的保障。它不仅对防空雷达及操作人员造成"硬毁伤"、破坏情报指挥自动化系统，而且能对作战人员造成心理压力，直接影响部队的战斗力。因此，反辐射导弹日益受到世界各国的普遍重视。以美国为首的西方军事强国进一步加强了对反辐射导弹及其运用的研究。

第二次世界大战后，防空武器系统的迅速发展以及对作战飞机的严重威胁，催生了反辐射导弹武器系统。世界上最早的反辐射导弹是美国1964年装备使用的"百舌鸟"导弹，它也是首枚应用于实战的反辐射导弹，60年代中期在越南战场上发挥了重要作用。"百舌鸟"导弹代号为AGM-45A，属空地导弹，主要装备攻击机和战斗机，先后共生产2500枚左右，现已停产并逐渐退役。作为第一代反辐射导弹，"百舌鸟"的性能并不算好。该弹弹长3.05米，弹径0.2米，射程12千米，最大飞行速度为马赫数2，发射重量177~181千克，发射高度1500~10000米，战斗部重66.7千克，有效杀伤半径15米。除"百舌鸟"外，第一代反辐射导弹还有前苏联的"鲑鱼"AS-5，它于1966年服役，是一种较大型的导弹，弹长

达 8.6 米，弹径 1 米，翼展 4.5 米，射程 50~170 千米，发射重量 3983 千克，战斗部重达 150 千克。

第二代反辐射导弹是 70 年代服役的导弹，主要型号有：美国的“标准”AGM-78A，B/C/D 和“百舌鸟”改进型、AGM-45A-9、ACN-45A-90，前苏联的“王鱼”AS-6 和英法联合研制的“玛特尔”AS-37。

这几型导弹中，性能最好的是前苏联的“王鱼”AS-6 反辐射导弹，它长达 9 米，射程低弹道时为 250 千米，高弹道时可达 700~800 千米，在高空飞行时最大飞行速度达马赫数 3，发射重量 4800 千克，发射高度 10000~12000 米，制导方式为惯性加末段被动制导，战斗部重量达 1000 千克，1972 年服役后主要装备“AGM-16H”和“AGM- 22M”轰炸机。“王鱼”导弹在弹长、射程、速度、发射重量、发射高度和战斗部重量六项指标中居世界反辐射导弹之首位。

第三代反辐射导弹是 80 年代以后服役的导弹，主要型号有：美国的 AGM-88“哈姆”和 ACM-136“默虹”；英国的“阿拉姆”；法国的“阿玛特”和前苏联的 AS-9。除上述空射反辐射导弹外，以色列还于 1982 年成功研制地地型“狼”式反辐射导弹，并在黎巴嫩战场上投入使用。其中，“哈姆”导弹历经 10 年研制才于 1983 年装备使用，几次实战中表现出了极好的作战性能，主要装备美军战斗机、攻击机和轰炸机。“阿拉姆”机载反辐射导弹长 4 米，射程 20 千米，最大飞行速度马赫数 2，1987 年装备部队，海湾战争中首次实战应用。初步计划生产 750 枚，主装“旋风”攻击机，

每机可挂9枚，预计需求量15000枚以上。“阿玛特”导弹是种射程较远的导弹，最大射程可达100千米，战斗部重150千克。

特别说一下知名度不那么高的“默虹”反辐射导弹。它是一种高亚声速反辐射巡航导弹（亦称反辐射无人机），可在目标区上空长时间盘旋，自行搜索目标，确定目标后立即实施俯冲攻击。它是第一种具有巡航能力的反辐射导弹，用于解决其他反辐射导弹抗地面雷达关机不利的问题，主要装备A-6E、A-7和B-52轰炸机。“默虹”有一对可折叠的矩形弹翼，发射后能在战区上空巡航，在计算机控制下自动搜索目标；一旦搜索到并锁定目标后，立即俯冲攻击。如果目标丢失，便重新爬高、继续巡航，待机再次攻击。“默虹”频率覆盖范围宽、可重编程、使用灵活、体积小、重量轻，其作战效果不可低估。

反辐射导弹的主要优点：

首先，雷达有效反射面积小。一般反辐射导弹的雷达有效反射面积只有0.1平方米左右，第三代反辐射导弹的雷达有效反射面积更小，例如“哈姆”只有0.05平方米，使得地面雷达发现困难。

第二，飞行速度快。反辐射导弹的速度通常在马赫数1~3之间。美军装备的反辐射导弹最大速度多在马赫数2以上，俄制反辐射导弹的速度一般在马赫数1左右。

第三，攻击的突然性强。由于采用被动搜索跟踪方式，本身并不辐射电磁信号，因而不易被发现和干扰。

第四，可攻击多种类型的防空雷达。反辐射导弹导引头跟踪频率范围很宽，能覆盖多种雷达或辐射源的波段，还能利用雷达波旁瓣和背瓣进行攻击。

第五，具有先敌攻击优势。反辐射导弹导引头及其电子支援设备探测到电磁辐射波的距离比防空雷达远，可在防空雷达发现它之前就发

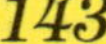

起攻击。

最后，具有自动捕获和锁定目标能力。从机载设备(或导弹导引头)捕获到地面雷达波束到定位、发射，“百舌鸟”导弹一般需要10~15秒，“哈姆”导弹需要10秒。且可采用预编程序发射，然后捕获锁定，甚至可在目标区巡逻待机攻击，对机载设备依赖小，载机无需跟进制导。

反辐射导弹也存在以下弱点，被防御一方利用后会降低其作战效能。

其一，使用前必须预先对防空雷达进行侦察，而容易暴露作战意图，利于对方预先进行战斗准备。

其二，在空间的运动特征明显。除少数反辐射巡航导弹和无人机外，反辐射导弹的飞行速度比一般的空中目标快；反辐射导弹依次被动式雷达导引头单脉冲测角导向目标，因此在离开载机后向目标作连续的径向移动。根据这些运动特点，可以较容易地将反辐射导弹与其他目标区别开来，从而采取对抗措施。

其三，导引头性能仍有一定局限性。导引头采用单脉冲体制，不能对抗两点相干扰。导引头中的天线微波系统、接收机等部件存在非线性相频特性，影响导引头的精度。由于弹径的限制，天线孔径尺寸较小，对工作频率较低的雷达和高频雷达难以精确定向。导引头的接收灵敏度不高，一方面由于导引头是宽频带，天线增益受限制；另一方面导引头与辐射源信号不完全匹配，不能实现最佳接收。

其四，对目标辐射源的依赖性强。反辐射导弹以辐射源信号为制导信息，一旦地面雷达不开机，反辐射导弹就无法攻击。地面雷达即使开机，如果采取关天线、大角度转天线等手段，即便不能完全摆脱反辐射导弹，仍可降低其命中精度和毁伤效果。

最后，反辐射导弹的战斗部杀伤威力有限。毁伤半径通常为10米左右，只要采取相应的防护措施，就可以降低其杀伤效果。

俄"柯涅特"-E型反坦克导弹

俄罗斯最新研制的一种新型远程反坦克导弹"柯涅特"-E型,是穿透装甲最厚的导弹。据称,它可以穿透1000~1200毫米厚的均质钢装甲。它虽不像已在阿富汗战争中用过的米基斯—M导弹,但从性能上看已属于世界领先水平。用它的总设计师吉洪诺夫的话说,"柯涅特"-E型反坦克导弹的战斗部已经可以摧毁当今世界上已有的以及在可预见的未来将出现的坦克。

米基斯-M反坦克导弹是一种十分轻便、容易携带的反坦克导弹。导弹连同包装、发射筒仅重13.8千克,发射架连同瞄准制导装置才重10千克。而"柯涅特"-E反坦克导弹的质量及威力都比米基斯-M更大,尤其是射程更远,达5500米。它无需采用世界上流行的从上方攻打坦克顶部的方法,只要从正前方击穿坦克的斜置装甲以及外挂或内置的"动态装甲",即对坦克前方最厚、最结实的地方直接攻击就可以了。

"柯涅特"-E型反坦克导弹的制导系统是很先进的,它采用的是激光半主动制导方式,还配有红外热成像仪。作战时,射手用热成像瞄准并跟踪目标,向目标发射一种激光束,导弹就沿着激光束飞行,在激光束的导引下命中目标。

"柯涅特"-E型反坦克导弹虽然比米基斯-M导弹重,但也很轻便,比较容易携带。它可以方便地分解成几个部件,用人力携带就可以。它既可以装在三角架上发射,也可以装在步兵战车上作为车载武器系统使用。

美"龙"式反坦克导弹

"龙"式反坦克导弹是由美国麦克唐纳·道格拉斯公司研制的。这种导弹研制之初是用来代替90毫米无坐力炮的,其射程和精度方面都远远超过了无坐力炮。再加上其弹体短小,易于携带,因此被称为世界上最矮的导弹。

"龙"式反坦克导弹最先称为中型反坦克突击武器。它是美军1974年装备的第二代单兵便携式、肩射反坦克导弹,主要用于中距离反坦克,可攻击坦克、步兵战车和其他装甲车辆,也可攻击野战工事。

该导弹动力装置为数对小固体火箭发动机,沿弹体周围成行排列。它的弹体呈圆柱形,弹长为0.74米,弹体直径为114毫米。近尾部处呈锥形,具有短卵型的头部。在导弹的尾部有三个弯曲的折叠尾翼,翼展为33厘米,在发射后可自动弹开。"龙"式反坦克导弹有足够大的战斗部,并可携带高能炸药2.4千克,能摧毁大多数带装甲的和其他步兵目标。其射程为60~1742米,发射质量为6.13千克,垂直破甲厚度为500毫米。它的制导与控制由自动指令视线瞄准系统进行有线制导,并由弹体周围侧向推进器控制。

由于该导弹质量很小,只需一人即可携带并发射。发射时,步兵首先把跟踪器装在导弹发射筒上,它包括望远镜瞄准器、探测装置和电子组件。它的玻璃钢发射筒同时也是一个导弹的密闭容器,供运输和贮存用,容器的尾部增大用来形成推进剂容器和后膛。在瞄准器捕获目标

后，跟踪器就感受到导弹与瞄准线的相对位置，并及时发出信号使导弹保持或修正飞行航线。通过点燃相应的各对火箭发动机或者侧向推进器，来实现对导弹的推进和控制。

“龙”式反坦克导弹于1964年开始研制，1968年中期开始肩扛发射试验。1971年作了使用试验，直到1972年才正式投入批量生产，它主要用于装备海军陆战队和陆军。

美“掠夺者”反坦克导弹

这是一种射程较近的单兵便携式近程反坦克导弹。1990 年开始研制，目的是为了满足海军陆战队的近距离反坦克和市区反坦克作战的需要，于 2001 年装备部队。

“掠夺者”导弹全重 8 千克，与一般火箭筒质量相仿。导弹全长 860 毫米，弹径 140 毫米，初速度 34.8 米/秒，最大飞行速度 300 米/秒，最大射程 17~700 米。该导弹能在狭窄的空间内发射，比较适合城市巷战或反恐怖战争。导弹配有自锻破片战斗部和双模传感器，专门攻打坦克的顶部。

美“掠夺者”反坦克导弹

“米兰”反坦克导弹

“米兰”导弹是第二代轻型便携式反坦克导弹武器系统，主要用于攻击坦克、装甲车辆和其他防御工事。这种导弹仅重6.65千克，是世界上最轻的导弹。它由法国航空航天公司战术导弹部和德国MBB公司组成的欧洲导弹公司研制而成。“米兰”导弹研制之初是专为步兵设计的，后来，经过进一步改进发展成车载发射装置，法国和德国分别于1972年和1974年装备部队。1983年开始对“米兰”进行改进，改进后的“米兰”称为“米兰”-2。到目前为止，世界上装备“米兰”导弹的总数已超过20多万枚，销往37个国家，导弹的销售单价为3000美元，武器系统为3.7万美元。它曾多次用于局部战争和武装冲突，实战证明十分有效。

“米兰”导弹采用光学瞄准与跟踪、红外测角技术，其设备主要有控制箱、弹架、三角架及发射点火装置。整个系统重15.5千克，长、宽、高分别为900毫米、420毫米和650毫米。筒装导弹长1.26米，导弹本身长755毫米。弹身最大直径为116毫米，战斗部直径为103毫米。翼展266毫米，弹重6.65千克，炸药重1.45千克，其中RDX弹药和TNT。弹药的比例为3:1。导弹起飞质量为11.3千克，战斗部采用聚能破甲装置，重3千克。它的最大射程为2000米，最小射程为25米，导弹离开发射筒口的初速度为75米/秒，最大速度为200米/秒。射击精度按圆概率偏差计算小于0.5米。“米兰”原型的破甲厚度为690毫米；改进后的“米兰”-2破甲厚度为850毫米，但它抗烟雾与火光干扰的能力较差，不如“米兰”

原型。

“米兰”导弹的动力装置为弹室双推力结构，外径 35 毫米，内装双基药。第一级增速发动机的装药燃烧 1.3 秒，可产生 275 牛推力；第二级续航发动机的装药燃烧 11 秒，可产生 108 牛的推力。

在机动方面，最小转弯半径为 500 米。武器系统的可靠性大于 95%。最大射程上的发射速度大于 3 发/分。“米兰”在发射前的准备时间小于 50 秒。飞行 2000 米的时间为 12.5 秒；飞行 10PA 米的时间为 7.3 秒。它可在-40℃~52℃的环境中使用。

“米兰”武器系统用于地面发射时，由两个人就可以完成发射任务。其中，射手带一套发射制导装置，助手携带两发弹药(其余弹药由车或直升机运输)。当该系统用于车载发射时，可将三角架装在车顶，也可装在车体内，还可利用 MCT 炮塔，这三种发射方式都是适用的。当这一系统用于机载发射时，可将其装在“小羚羊”轻型直升机上。

“米兰” 武器系统经过 1983 年第一次改进后，现在 MBB 公司又为“米兰”研制了一个双重战斗部，其特点是有一个可以伸缩的、保证最有力炸高的长探针，探针前端有一个大于 30 毫米直径的空心装药装置。

对于整个“米兰”导弹的综合性改进方案的具体内容如下：

(1) 给现有导弹装上一个固体激光近炸引信，从而可使弹径为 103 毫米和 115 毫米的战斗部的破甲性能提高 25%~30%；

(2)为未来的导弹发展最佳化的 3 千克的战斗部，以攻击复合装甲、多层间隔装甲和反爆炸装甲；

(3)为减少对先进的自卫系统(假目标)所施放红外诱饵的敏感性，且避免导弹红外背景烟雾的影响，装备与“陶”-2 相同的模块式红外信标，或装备与“比尔”相同的编码式激光二极管；

(4)用数字式设备取代现有的模拟定位器、制导指令发射装置和译

码器。这样可使平均故障间隔时间增加一倍，并可提高导弹接受指令的敏感度，减少导弹及其发射装置的质量；

(5)使用无烟火箭发动机，将大大增加最低有效射程，提高自身的隐蔽性；

(6)减轻导弹贮弹箱的体积和质量；

(7)用凯夫拉或碳复合材料代替导弹发射装置的铝支架、三角架和制导指令发射装置盒，可使质量减轻 2.2 千克；

(8)采用电制冷的热成像仪，它比原来的光学瞄准具的体积小，且质量减轻 1/3，还可简化后勤设备。

法 SS-10 反坦克导弹

由法国北方航空公司研制的 SS-10 导弹武器系统，是世界上最早装备部队的反坦克导弹之一。

它的最大飞行速度为 285 千米/小时(79 米/秒),是世界上飞行速度最慢的导弹。这种导弹于 1956 年装备部队,主要用于攻击坦克、装甲车、碉堡等地面硬目标,后来发展为吉普车和直升机载反坦克导弹。在 1956 年中东战争中，以色列陆军使用 SS-10 导弹攻击了埃及的装甲车辆,获得成功。法国、瑞典和德国等许多国家都用它作为步兵的标准武器。在一段时期内,SS-10 导弹的每月生产量达 450~500 枚。虽然它早已被新型导弹代替,但在 20 世纪 70 年代初,至少还有 9 个国家在它们的武器清单上仍有 SS-10 导弹的名字。

SS-10 反坦克导弹弹长 0.86 米，弹体直径 16.5 厘米。弹体呈圆柱形,头部为钝圆卵形。后部有十字形弹翼,翼展 0.75 米、每一翼的后缘根部带一小的控制翼面。其动力装置为两级固体火箭发动机。制导与控制系统采用目视瞄准与跟踪,有线指令制导。战斗部重 5 千克,破甲厚度 420 毫米,最大射程 1600 米,全弹重 14.8 千克。该导弹通常采用盒状容器作为发射架从地面发射,但也能有效地从吉普车、轻型飞机和直升机上发射。

美"橡树棍"反坦克导弹

由美国飞歌·福特公司研制的"橡树棍"轻型反坦克导弹，属于第二代反坦克武器系统。它可以用红外指令制导，直接瞄准射击，还可以从火炮发射器中发射，是世界上最早用火炮发射的导弹。该发射器不但能发射导弹，还能发射一般的火炮弹药，这是极为罕见的。由于导弹射程远、命中精度高，因而它又成为坦克和其他装甲车辆的一种理想武器。

该导弹于 1958 年进行可行性研究，1964 年生产出少量产品，1960 进行定型试验，于 1967 年装备在美国陆军的通用"谢里登"公司制造的 AFV 型装甲车上。从 1968 年开始批量生产，并远销海外。到 1971 年，共生产该型导弹 88104 枚。1972 年，飞歌·福特公司又对该武器系统进行了改进。

这种导弹主要用于地面攻击坦克和装甲车辆。它可以装备在 M551"谢里登"轻型坦克和 N60A2 坦克上，也可以装在 MBT-70 中型主战坦克上。导弹的发射制导装置是由坦克上的 152 毫米两用火炮发射器和红外指令制导系统组成。火炮安装在坦克回转炮塔上。红外指令制导系统由红外信号发生器、信号数据转换器、调制器、射手瞄准红外跟踪器、测试面板、电源、炮塔速率传感器组成。这些装置均装在坦克车厢内。

"橡树棍"导弹由战斗部、电子舱、发动机和尾段四部分组成。弹体呈圆柱形，头部为球形，尾部带 4 个微后掠弹出式尾翼。导弹长 1.14 米，弹径 152 毫米，翼展 290 毫米，发射质量 27 千克，最大射程为 3000 米，

破甲厚度500毫米。弹上的制导与控制系统包括电子组件、陀螺仪、红外接收器、燃气喷气反作用系统和曳光管等。动力装置采用单级固体火箭发动机，而导弹的发射是靠火炮外动力进行的。当导弹飞离炮口时，发动机点火，工作时间约为2秒左右，可把导弹加速到最大速度。战斗部采用聚能破甲战斗部，重6.8千克。当导弹命中目标时，引信随即将战斗部引爆。

导弹发射后，射手只需将目标保持在望远镜瞄准器的十字线中心即可。与瞄准器相连的红外导弹跟踪/指令系统能发现和校正导弹飞行的航线与目标瞄准线之间的偏差。“橡树棍”导弹具有较大的火力，可以用来对付各种类型的装甲车、步兵和工事等目标。美国贝尔公司曾将这种导弹在UH-1B直升机上进行过空地发射试验，当时采用的是一种稳定瞄准器。

该武器系统也有许多不尽如人意之处。在低温条件下，发动机的喷气凝结影响红外指令的接收，有时还出现早炸现象，从而降低了导弹的可靠性能。因此，1975年开始研制改良型“橡树棍”导弹，用激光导引头与激光发射器取代原来的红外制导系统。第二年，在改型的M551“谢里登”和M60A2坦克上试验并获得成功。改进型的“橡树棍”反坦克导弹于1980年6月开始小批量生产。

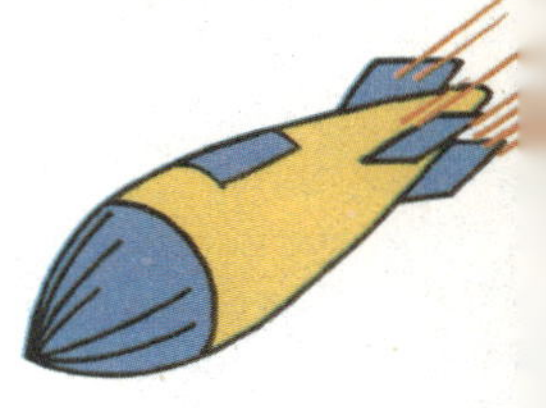

美"海尔法"反坦克导弹

这是一种射程最远的第三代重型反坦克导弹，由美国罗克韦尔国际公司研制。它可由直升机载发射，主要配备于 AH- 64 武装直升机上，也可由地面车辆发射，用来攻击坦克、装甲车辆和其他坚固的点目标。可全天候使用，能在正常战场的烟尘和小雨、大雾中锁定目标。由机载发射的最大射程为 7000 米，是当前世界上射程最远的反坦克导弹。它的最大速度为 1 倍声速，命中概率大于 90%，破甲威力达 1400 毫米。该导弹于 1972 年开始研制，1984 年装备部队。同年，美国海军陆战队也用它装备了 44 架 AH–1T 直升机，海军舰队装备了 48 架 AH–1TS 直升机。1985 年具备初始作战能力。

"海尔法"导弹由导引头、战斗部、自动驾驶仪舱、发动机和制动系统组成。采用模块式设计方式，可选用不同的制导方式，配装不同的导引头。全弹长 1.779 米，弹径 177.8 毫米，翼展 330 毫米，发射质量 43 千克，贮存期限为 10 年。

该导弹采用半主动激光制导。制导系统由激光导引头、自动驾驶仪、作用系统组成，总重为 9000 克。导引头长 330 毫米，最大直径 152 毫米，重 5400 千克。动力装置为单级固体火箭发动机。发动机外径为 146 毫米，长 943 毫米，推力为 18.6 千牛。采用双锥串联型聚能破甲装药战斗部，破甲厚度 500 毫米。

发射制导装置由机载发射系统和激光指示器组成。机载发射系统

包括火控系统和发射架两部分组成。AH-64武装直升机最多可挂载16枚“海尔法”导弹，它们分装在4个发射架上。发射架系铝制组合式，由电子装置和机械装置组成。武器系统由导弹、激光指示器、机载发射系统组成。导弹可用多种发射方式，如单个发射、快速发射、连续发射与组合发射。射手可根据实际情况，灵活选用最佳的发射方式。

“海尔法”是一种先进的反坦克导弹。它可以间接发射，利用机载或地面激光指示器来指示目标，因此具有较强的抗干扰能力。该导弹不但命中精度高，而且还可以在夜间或不利的气候条件下对目标实施有效打击。

法“沙蟒”反坦克导弹

法国研制的小型、轻便、可供单兵携带的“沙蟒”反坦克导弹，简称ACCP，是世界上第一种近程便携式反坦克导弹。

1980年，法国陆军为了研制一种能够取代正在服役的“斯特安”89毫米反坦克火箭筒，提出了发展超短程和短程反坦克武器的两项计划，根据这两项计划研制了“沙蟒”反坦克导弹。这种导弹的主要设计思想是，寻求一种简捷的方法，使新的反坦克武器具有这样的技术性能：可对付复合装甲，基本型射程为300米，较复杂型的射程为600米，可对付快速运动的目标，能穿透现代乃至21世纪的所有装甲，还要具有在密闭空间内发射的能力。此外，在具有极好精度的同时使导弹的质量保持在10千克以内，而且成本还要低，接近于无控反坦克火箭的水平，以便大量装备部队。设计思想中，还要求这种导弹具有“微型”的特点，并在近距离上具有火箭筒的性能，而在600米的距离上又要具有导弹的优点。

根据这一设计方案，航空航天公司同法国陆军于1984年签订了发展合同，然后立即进入研制阶段。如果该导弹部署计划得以实施，法国军队将成为世界上第一个在步兵中不装备其他反坦克导弹武器，而只装备反坦克导弹的军队。

这种武器抗干扰能力强，可出色地抵抗背景及人工干扰。它主要用来攻击近距离的坦克、装甲车辆。“沙蟒”导弹在包装筒内长950毫米，飞

行状态下的弹长为840毫米,导弹直径150毫米。待发状态弹药重10.5千克,携带状态弹药重11千克。破甲装药战斗部重3900克。它的最大射程为600米,最小射程为25米。导弹的飞行速度为100米/秒,最大速度为300米/秒,发射准备时间小于5秒,发射速度大于5发/秒。

该导弹动力装置采用两级固体火箭发动机,功率小,其助推发动机推进剂不到0.1千克,推力小于3500牛;续航发动机推力小于1000牛。发射助推器重80克,工作时间不到1秒,可使导弹以20米/秒的离轨速度慢慢起飞。导弹发射时噪声小,后坐力弱。导弹离开发射筒0.5秒之后,续航发动机开始工作,三四秒之后可使导弹加速到300米/秒的最大速度。发动机为双基推进剂,燃烧室压力低、烟雾少、无毒。

该导弹破甲战斗部口径较大,其炸药柱直径大于140毫米。战斗部在弹体后部,可使静止炸高达到弹体直径的3.4倍。战斗部装药结构设计成串联式多级型,装药3.5千克,故破甲威力大,可穿透均质钢甲900~950毫米以上,能穿透俄罗斯T-72和T-80坦克的复合装甲,也能击穿坚固的贫铀装甲。引信为带有接触杆的触发式引信,安全保险距离大于25米。发射制导装置由发射架、连接盒、瞄准具、探测定位仪、三脚架、托盘及方位调整结构组成,整个装置结构简单紧凑。

"沙蟒"导弹可单兵携带并独立发射使用。导弹平时就装在密封的用于发射、包装和运输的筒内,它与三角架、瞄准跟踪装置一起装在同一背箱里,单兵背起即可进入运行状态。射手在5~10秒内可做好射击准备,并射向目标。射击的姿势多种多样,卧式、跪式、立卧式均可。射手通过瞄准具瞄准并跟踪目标,导弹即可沿着瞄准线自动飞向目标,直到命中为止。在近战、巷战和野战中,这种导弹均可使用。

"沙蟒"反坦克导弹除了装备法国陆军外,并向加拿大出口20000枚。而且,加拿大国防部还在探讨与法国共同生产"沙蟒"导弹的可能性。

法"独眼巨人"反坦克导弹

法国、德国联合研制的"独眼巨人"导弹，是世界上最早研制成功的光纤末制导反坦克导弹。自 1982 年以来，法国、德国成功地对"独眼巨人"导弹进行了一系列发射试验。这标志着该导弹的研制工作已进入到最后的定型阶段。20 世纪 90 年代中期，这种导弹已装备部队服役。

随着光纤技术在导弹上的应用，导弹可以根据需要用来打击非通视的敌方目标，且作战距离大增，而且光纤制导导弹能在整个作战过程中充分体现人的意志：射手不仅能选择攻击目标，而且可转换攻击目标。由于射手可对攻击效果进行评估，故可避免多枚导弹共同打击一个目标之弊。因射手不必通视目标，则可在隐蔽之处打击伪装目标；又因发射装置的位置偏离进攻方向，故不易遭受伤害的威胁。此外，这种导弹还能从装甲防护薄弱的顶部攻击目标。基于上述优点，该导弹显然可以满足法国陆军欲使导弹具有打击战场纵深目标能力的要求。

"独眼巨人"导弹采用光纤传送目标、图像和控制指令，其头部装有红外热成像摄像机，在战斗部和动力装置之间安装有电子设备，而在尾段装有光缆绕组和控制组件。它可用来全天候精确打击各种移动和静止目标，射程达 60 千米。光纤的信息容量比普通导线大数千倍，使用时射手躲在安全的隐蔽阵地垂直地向空中发射。导弹从 200 米高的空中俯瞰战场和搜索目标，将战场情况通过光纤传递到地面发射阵地，经自动分析仪分析、处理后显示给武器系统操作人员。操作人员从显示屏上

观察目标图像，经由光纤传送指令控制导弹攻击目标。采用这种制导方式的优点是：可将部分导弹上的控制器件转移到地面阵地，使导弹的成本大大降低。

应用了多种最新技术的“独眼巨人”导弹具有以下几个显著特点：

(1)精度高、能有效摧毁各种目标。该导弹具有全自动操作能力，可以“发射后不用管”，也可进行必要的修正。操作人员可在任何时间对导弹进行控制，选择最佳攻击点。

(2)能及时评估目标毁伤效果。通过头部的摄像机和光纤传输，该导弹既能精确打击目标，同时又可立即得到杀伤评估结果，可为下一步攻击提供及时准确的打击依据。

(3)抗干扰能力强。该导弹能在严重的电子干扰、激光、红外干扰、烟雾环境、黑夜及不良气候条件下有效地攻击目标。

发射方式可采用垂直发射或大倾角的倾斜发射。导弹起飞后，可在一定高度转入水平巡航飞行，在接近目标时又可俯冲下来攻击目标。这种“拔高-水平-巡航-俯冲”式，使“独眼巨人”有能力攻击那些在人工或天然屏障掩护下的目标，也有能力攻击远处的装甲目标，并可击穿防护较弱的装甲顶部。这种导弹还可用于侦察，如进攻之前用它探测目标和识别目标。

“独眼巨人”不仅可从地面、掩体后发射，也可从运输车上、直升机上发射。由于该导弹精度高、射程远、威力大、战场生存能力强，它刚一问世就受到许多国家的青睐。

俄"萨格尔"反坦克导弹

在1973年的第四次中东战争中，埃及军队使用前苏联研制的"萨格尔"反坦克导弹大显神威，仅用3分钟，就一举击毁了以色列军队的王牌装甲旅的几乎全部坦克(共85辆坦克，其中三分之二是被"萨格尔"导弹击中的，每辆坦克上至少有2个弹洞，有一辆坦克上竟穿了6个窟窿)，使反坦克导弹成了打破坦克不可战胜神话的"英雄"，引起了世界各国的关注。此后，许多国家便竞相研制反坦克导弹。

俄罗斯第一代便携式反坦克导弹——"萨格尔"导弹，主要供步兵使用。1965年，前苏联用这种导弹装备摩托化步兵部队和空降部队，并在越南战场上大量使用过。

该导弹弹长831毫米，弹径120毫米，翼展393毫米，弹重11.3千克，武器系统全重30.5千克。战斗部为聚能破甲战斗部，亘2.5千克。动力装置采用两级固体火箭发动机，前后分别为起飞发动机和续航发动机，装药为双基火药，比冲为190秒。

"萨格尔"导弹不仅用于攻击坦克和装甲目标，也可用来摧毁敌火力点和野战工事。其最大射程3000米，最小射程500米，平均速度为120米/秒。采用目视瞄准、跟踪及手动有线传输指令制导方式，破甲厚度可达500~600毫米。当射程为500米时，其命中概率为60%，能穿透150毫米均质钢甲，穿透率达90%以上。最大射程时的射速为2发/分。

"萨格尔"导弹属单通道控制的旋转导弹。战斗部为空心装药装置，

它包括风帽组件、壳体组件和装药组件。装药组件包括主药柱、辅助药柱、隔板、绝缘内套、药型罩、导电杆和导电簧等。主药柱是用纯化黑索金压制的，重 0.148 千克。战斗部引信为全保险瞬发压电引信，其瞬发度为 20~30 罗斯/微秒。发射装置由发射架、控制电缆、背箱三部分组成。发射架用于安装和支持导弹，提供射向和射角。

由于该导弹在俄罗斯第一代反坦克导弹中性能较好，有多种机动方式，故直至目前仍在前华约国家和一些阿拉伯国家服役。但它毕竟是第一代反坦克导弹，命中率不高，射手训练也很困难。为此，俄罗斯自 20 世纪 60 年代末便开始转入研制第二代“萨格尔”导弹，并于 70 年代初装备部队。

改进型的“萨格尔”导弹全长 0.975 米，弹径 0.125 米，全弹重 12.5 千克，最大射程 3000 米，平均速度 130 米/秒。导弹头部伸出的圆柱形探头，是为了提高战斗部的破甲威力。在控制与制导方面，将目视跟踪改为红外跟踪，手控操纵改为半自动操纵。这样，射手只要将光学瞄准具的“+”字线中心始终对准目标，控制指令即可通过红外测角仪和地面控制装置自动形成，从而大大减轻了射手的负担，并使命中概率达到 90%以上。

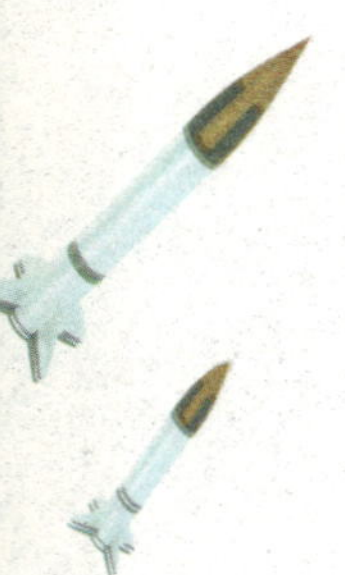

美"陶"式反坦克导弹

美国研制的"陶"式反坦克导弹，是世界上第一种能自动追踪目标的反坦克导弹；在20世纪50年代第一代反坦克导弹的世界性研制热潮中，美国军事界没有感受到反坦克导弹对装甲部队的冲击，也没有从第二次世界大战中"醒悟"过来。一直到60年代末，美军装备的反坦克导弹全是法国货，如SS-10、SS-11等型号，这与军事大国的地位是极不相称的。面对反坦克导弹对装甲兵的严峻挑战，美国人开始"清醒"了。60年代初，美国军方断然决定：越过性能较差的第一代，利用法国的最新研制成果，直接进行红外半自动制导反坦克导弹的研制，从而后来居上，研制出了世界上最早能自动追踪目标的"陶"式反坦克导弹。

美国休斯飞机公司于1962年开始研制"陶"式反坦克导弹。1965年发射成功，1970年开始大量生产并装备部队。"陶"式反坦克导弹的综合性能在第二代反坦克导弹中处于领先地位，使美国一跃而成为研制反坦克导弹的先进国家。"陶"式反坦克导弹总共生产了约50万枚，装备了30多个国家的军队，成为世界上生产最多、使用最广泛的反坦克导弹。

"陶"式反坦克导弹是一种车载式第二代重型反坦克导弹武器系统。它除用以攻击坦克、装甲车辆外，还可攻击碉堡、火炮阵地等硬目标。导弹弹长1640毫米，弹径148.3毫米，弹重18.47千克，武器系统全重102千克，有效射程65~3000千米，机载最大射程3750米，最大飞行速度360米/秒。命中概率在500~3000米内接近100%，500米以内为

90%;静破甲威力为600毫米,动破甲威力为200毫米/65°;配用聚能破甲战斗部和全保险电容式机电引信，以两级固体火箭发动机作动力装置;采用光学跟踪、导线传输指令、三点法导引、红外半自动控制的制导方式。“陶”式反坦克导弹的发射筒可以和三脚架、各种车辆及直升机上的相应装置配套发射导弹,具有广泛的适应性。

“陶”式反坦克导弹的制导原理也很简单。射手把瞄准镜的十字线对准目标，制导系统的光学感测器便自动追踪导弹尾部释放出来的红外线,并自动测量导弹偏离瞄准线的距离,随即向制导计算机报告。计算机将导弹偏离瞄准线的数据转换成控制信号，并利用两股导线把控制信号传送至导弹。射击手操纵瞄准镜,使目标落在镜中十字线的焦点上,然后发射导弹,导弹的制导系统便自动操纵导弹,使其导弹和瞄准线保持重合。应付移动目标只需操作方位调整器追踪,使瞄准线始终对准目标,直到导弹命中为止。

美军在越南战争中,以色列军队在第四次中东战争中,都曾广泛使用过“陶”式反坦克导弹。不过,两军多使用机载式“陶”式反坦克导弹。尤其是以色列军队,战争初期,在北线兵力不足的情况下,为抗住叙利亚800辆坦克的凶猛攻击,直升机机载“陶”式反坦克导弹发挥了重要的作用。越南战争后期,美军AH-1式武装直升机机载“陶”式导弹攻击越军坦克,成功率在80%以上,并取得了较好的战果。在1991年的海湾战争中,多国部队共发射了600多枚“陶”式导弹,击毁了伊拉克军队450多个装甲目标。

“陶”式反坦克导弹为美国在第二代反坦克导弹的研制领域奠定了领先的基础。在此之前，反坦克导弹的最小射程都在几百米左右,而“陶”式反坦克导弹不仅最大射程达到3000米,还将最小射程缩小到65米,扩大了导弹的有效作战范围。“陶”式导弹还率先实现了超声速飞

行,破甲厚度达600毫米。为增强机动能力,美国休斯飞机公司将“陶”式导弹安装在车辆和直升机上。从此,车载和直升机机载方式成为第二代反坦克导弹的主流。

“陶”式反坦克导弹有A、C、D、E、F等多种改进型:BGM-71C型于1981年装备部队,增加了导弹长度,提高了破甲厚度(680毫米);目前广泛使用的BFM-71E型(“陶”2)于1983年服役,导弹精度和抗干扰能力有所提高,且能在夜间或烟雾条件下发射,导弹破甲厚度提高到940毫米;BFM-71E型(“陶”2A)于1987年装备部队,用于攻击坦克顶部装甲和反液压式装甲,其破甲厚度达到104毫米;F型(“陶”2B)于1992年底装备部队,现在正在发展“陶”2C/ 2D/2N和“陶”3等型号。该型导弹推进器能量大,射程远;锁定目标技术先进,命中精度高;机动性能强,既可攻击固定目标,又可用于防空。除美国陆军、海军陆战队装备外,还出售给日本、韩国、新加坡以及中国台湾省等国家和地区。

美"黄蜂"反坦克导弹

"黄蜂"导弹是美国空军专门用来对付集群坦克的一种机载武器,也是最早实现智能化的反坦克导弹。就是说,这种导弹具有"自我思维能力",当导弹从发射管发射后,每个导弹上的毫米波雷达和红外线跟踪器便自动开始工作,使导弹不仅能追踪辐射热的物体,而且配备的识别装置和微处理器使它能区别开哪些是伪装物,哪些是坦克。特别是导弹上的计算机,使每个"黄蜂"导弹都能自己选择一个坦克跟踪,一旦被选择的坦克已被别的导弹跟踪或已被击毁,它还会机敏地飞向另一辆坦克,真正可以称得上是弹无虚发、发射后不用管的导弹。

那么,这种发射后不用管的导弹又是如何研制出来的呢?

1980 年,美国宣布要增加国防预算,大力研制新型战略洲际导弹、飞机和坦克,用来对付未来战争中可能出现的集群坦克。由于当时北约国家在西欧的坦克数量比较少,如果用坦克来对付集群坦克,那就得生产足够数量的新型坦克,这需要很大一笔经费。以美国 M-1 型坦克来说,当时每辆造价达 120 万美元,几千辆这样的坦克就要几十亿美元。

为此,美国政府大动脑筋,最后设想,如果用导弹一对一地歼灭集群坦克,一定是合算的,所以就决定要研制一种名叫"黄蜂"的新型导弹,用来对付集群坦克在数量上的优势。他们还算了一笔账:"黄蜂"导弹每枚造价只需 2.5 万美元,相当于 M-1 型坦克造价的 1/48。将来打起仗来,用一枚"黄蜂"导弹去击毁一辆坦克显然是值得的。但问题又出现

了，要想用一枚“黄蜂”导弹击毁一辆坦克，就得要求“黄蜂”导弹命中精度必须达到百发百中，为此，美国采用了现代高新技术，很快就研制成功了智能的“黄蜂”导弹。

“黄蜂”导弹采用毫米波雷达和红外线跟踪器制导。毫米波雷达是一项新技术。一般的雷达使用的是厘米波，虽然厘米波可以透过云、雾、雨、雪探测目标，但需要用大型天线来提供导弹探测器所需的分辨率，而且易被敌方电子设备干扰和发现。毫米波雷达就不同了，它可以使用小型天线，这样就不易被发现，而且抗干扰的能力也较强。另外，在“黄蜂”导弹上还装备了识别装置和微处理器，使它能识别不同的目标，并能自动追踪目标，直到将目标击毁。

“黄蜂”导弹主要装备在美国 F-16 战斗机上，一次可携带 2 个发射吊舱。这种导弹既可单个发射，也可一次连续发射 12 枚.发射完毕，将吊舱抛掉。

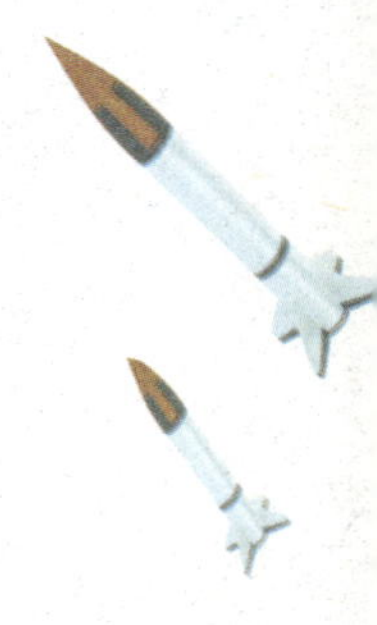

法国“崔格特”反坦克导弹

这是法、德、英联合研制的第三代反坦克导弹，1995 年装备部队。它有中程和远程两种型号，中程型为便携式导弹，远程型为多用途导弹。后者兼有地地、地空、空地和空空四种作战能力，是世界上最复杂、最先进的反坦克导弹。它是一种红外波束制导的反坦克导弹，可缩短导弹飞行时间，使射手暴露的时间大大减少，还可提高命中概率。

“崔格特”导弹的攻击目标为现代新型的主战坦克(如俄罗斯 T–80 坦克等)与重型装甲车辆，也可用于对付固定防御阵地。此外，它还具有一定的防空能力，如可以对付战场上空出现的类似俄罗斯米格–24“雌鹿”D 的直升机。它的单发命中概率为 90%~95%，破甲能力较强，能攻击复合装甲、主动装甲等新型装甲。

法国“崔格特”反坦克导

中程型“崔格特”导弹采用地面便携式发射方式，可装在三角架上发射，也可装在各种履带式或轮式车辆上发射。其射程为 2000 米，初速度约为 20 米/秒，最大速度

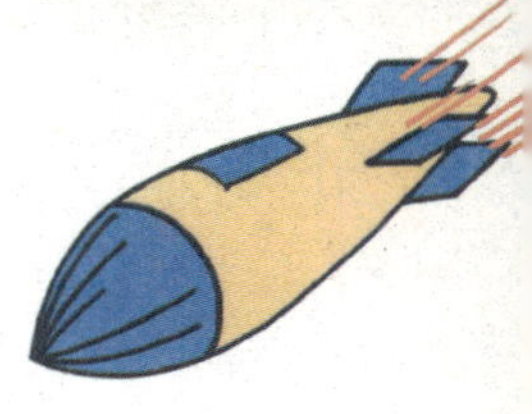

约为 300 米/秒。弹长 1000 毫米，弹径 100 毫米，翼展为 180 毫米左右，弹重 11 千克。战斗部系空心装药，动力装置为两台固体燃料发动机，由激光束制导。它可以攻击坦克前装甲或顶装甲，并能在狭小的空间发射。

远程型“崔格特”导弹的主要特点是具有“发射后不用管”的能力，其制导系统采用红外热成像自动寻的技术，利用电荷耦合器件线路和红外镶嵌阵列探测器，自动导引头工作波长为 10~12 微米。热成像瞄准具既可装在地面发射车上，也可装在攻击直升机上。战斗部采用串联式空心装药战斗部，攻击坦克顶部装甲。一部发射装置可连续发射几枚导弹，能对多个目标进行攻击，导弹具有俯冲攻击的能力。

该导弹主要供地面车辆和攻击直升机使用。各国可根据自己的情况而选用不同的载车。

远程型“崔格特”导弹还可机载，特别是计划用于法国和德国研制的攻击直升机上。一架“山猫”直升机或近程攻击直升机至少可携带 8 枚导弹。

在作战中，使用远程型“崔格特”导弹，射手在发射前可预先按次序选准 4 个目标，并用 4 枚导弹，在几乎同一时刻实施攻击。

在攻击主战坦克和装甲车辆时，从地面车辆或直升机上发射“崔格特”，均以大约 10°的仰角向上飞行，然后在 80 米左右的高度上平飞；当接近目标时，导弹则以 20℃~30℃的俯冲角下落，直至从顶部攻击目标。

“崔格特”导弹的全部研制计划耗资 13.7 亿美元。其中，3.68 亿美元将用于中程型“崔格特”武器系统，另外 9.84 亿美元将用于远程型“崔格特”导弹武器系统。

瑞典“比尔”反坦克导弹

“比尔”导弹是瑞典研制的第二代轻型反坦克导弹，既可以打击地面装甲目标，也能攻击直升机。它还是世界上最早装备部队的攻打式反坦克导弹。

1979 年 7 月，瑞典国防部为了对付复合装甲防护的坦克，与该国博福斯公司的军械部签订了研制“比尔”反坦克导弹武器系统的合同。其要求是：能全天候从任何方向上毁伤各种现役的或即将服役的装甲车辆；价格低廉，可大量装备部队；便于携带和操作，要有单兵携带和车载两种形式；最大射程 2000 米，总重不大于 25 千克。当时博福斯公司认为现有各型导弹不能有效地对付复合装甲防护的坦克，提出了由顶部攻击的新设想。按照瑞典国防部的要求，博福斯公司于 1980 年开始研制，1985 年正式投产，1986 年开始服役。

“比尔”导弹采用光学瞄准与跟踪、三点法导引、红外半自动指令制导，主要装备陆军步兵分队。该导弹的与众不同之处主要体现在战斗部。战斗部内的锥形装药中心轴始终保持向下倾斜 30°；另一个不同点在于，导弹发射后进入制导状态，导弹始终在瞄准线上方 1 米处飞行。因而，当导弹飞临目标时，其近炸引信就会引爆战斗部，对坦克顶部装甲进行攻击；如果瞄准线较低，导弹撞在目标上，触发引信则会引爆战斗部，产生的聚能金属射流以接近 90°的角度侵彻装甲。因此，“比尔”导弹比一般反坦克导弹对坦克更具有威胁性。

“比尔”导弹的有效射程为150~2000米；最大速度260米/秒，平均速度200米/秒；弹长900毫米，弹径150毫米，弹重18千克(含储存筒和防护罩)；配用聚能破甲战斗部及触发、近炸引信；筒式发射，命中率95%，破甲厚度286毫米。目前，博福斯公司正在把“陶”式反坦克导弹和“比尔”反坦克导弹同时安装在装甲人员输送车上，并考虑把“比尔”反坦克导弹装备到中型坦克上，以提高导弹的机动性。

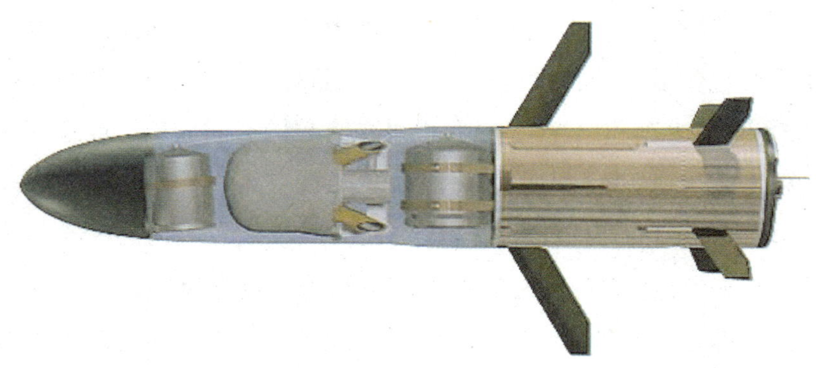

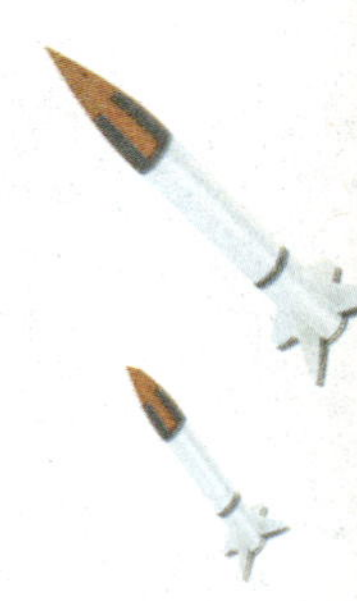

俄“短号”反坦克导弹

“短号”导弹是俄罗斯第三代反坦克导弹武器系统之一，也是世界上第一种多用途反坦克导弹。它除了用于反坦克外，还能摧毁轻型装甲车、土木工程和有生目标等。其抗干扰能力强，可全天候使用。它真正实现了自动化射击，能同时攻击 2 个或多个目标，可在地面上发射或搭载在越野车、装甲车和坦克上使用，也可在有限的空间如楼房或建筑物内进行射击。

“短号”导弹的射程：白天为 100~5500 米，夜间为 100~3500 米。弹体直径 152 毫米，筒装导弹长度为 1210 毫米，射击速度为 2~3 枚/分。

战斗部分为两种：当攻击坦克，特别是披挂反应装甲的新型主战坦克时，使用双级串联聚能破甲战斗部，第一级装药用于击穿或引爆反应装甲，第二级装药用来击穿坦克的基本装甲，破甲厚度可达 1000~1200 毫米；当攻击有轻型装甲防护的目标(如步兵战车，装甲运兵车)、一般的野战防御工事以及轻型快艇、小型舰艇和其他浮动目标时，可使用燃料空气炸药战斗部。

“短号”导弹的制导方式为激光驾束和半主动直瞄制导。射手利用瞄准镜或热成像仪瞄准目标，同时激光照射器发出的激光波束也照射目标，导弹发射后就进入到激光照射器发出的激光波束中。此后，由导弹自主“感觉”到自身所处激光束中的位置，不断产生修正指令，使导弹沿激光波束轴线飞行，直至命中目标。这种制导方式与有线指令制导相比，由于不

受导线的限制，增大了射程，而且具有很强的抗干扰能力。

其火控系统采用双通道目标跟踪装置，从而将射击效率提高了一倍。如果与“信条”型雷达配合使用，还可大大缩短发现目标的时间。

“短号”导弹除了具有多用途的优势外，它的另外一个优势在于便携性。“短号”导弹–MR 和“短号”–LR 导弹的配置基本相同，主要由制导设备、目标跟踪装置、热成像瞄准具和筒装导弹组成。它们各部分的尺寸、质量等都很适合士兵使用，并且操作简便。例如“短号”–MR 导弹可分解成两部分，由战勤组中的两名士兵携带。其中一部分为发射装置与热成像瞄准具，另一部分为 2 枚筒装导弹，这使其能在难以通行的作战区域内使用。2 枚“短号”–MR 筒装导弹的质量不超过 28 千克。

“短号”导弹的离筒速度较低，在居民点进行作战时，它能够从建筑物和空间有限的地方进行发射。此外，“短号”MR 导弹和“短号”–LR 导弹的发射装置和弹药具有通用性，使用者可以自由地选择组合，这使得该导弹系统更具竞争力。

俄"短号"反坦克导弹

俄“圆锤”新型潜射洲际弹道导弹

2005年12月21日，俄罗斯国防部宣布，北方舰队台风级战略导弹核潜艇“德米特里东斯科伊”号(941U型)在白令海水下成功发射一枚“布拉瓦”(意译为“圆锤”，代号-30，北约称为SS-NX-30)海基洲际弹道导弹。俄罗斯布拉瓦导弹国家飞行设计试验委员会主席、海军副总司令扎哈连科海军上将亲自在核潜艇上指挥此次发射。“圆锤”导弹准确命中6000公里以外远东堪察加半岛库拉靶场内的靶标。这是该型导弹首次水下发射，也是它在国家飞行设计试验框架内的第二次发射试验。

据称，俄海军计划于2007年将“圆锤”潜射导弹正式装备北风之神级(955型)第四代新型核动力弹道导弹潜艇，从而使俄海军的战略核遏制能力大幅度提高。

2005年9月27日，“德米特里·东斯科伊”在白令海水面，向位于勘察加半岛库拉靶场发射了一枚“圆锤”新型潜射洲际弹道导弹，并准确地命中了目标。2005年12月21日，在同一地点“德米特里·东斯科伊”在水下成功发射了一枚“圆锤”导弹，并成功命中了目标。

“圆锤”导弹完全借鉴了“白杨”-M型陆基洲际弹道导弹的研制经验，具有突防能力强和圆概率误差较小等特点。该导弹与“白杨”外形相似，只是射程略微降低，为10000公里。“圆锤”仍然采用三级火箭助推，使用固体燃料作为推进剂。与液体燃料火箭导弹相比，“圆锤”导弹具有

更长的待命时间,在接到发射命令后数分钟之内便可以发射。新导弹的发射重量可能略低于“白杨”,“白杨”导弹的发射重量为47吨,估计“圆锤”的发射重量接近40吨。新导弹的载荷为一枚55万吨TNT当量的核弹头,为了能够突破美国的BMD弹道导弹防御系统,俄罗斯在设计弹头时采取了多项措施,如加装防辐射及电磁干扰的防护罩,增加诱饵装置等。另外,俄罗斯还为“圆锤”研制了分导式弹头,一般可携带6枚,如果减少诱饵数量的话,携带分导式弹头的数量可以超过6枚。“圆锤”导弹弹头段安装有PBV(post-boostvehicle)助推系统,由它负责控制投放弹头,这些弹头通过自带的惯性导航系统和“格罗纳斯”(类似美国的GPS全球定位系统)接收机定位。据俄方称,弹头的命中精度达到350米,但令人奇怪的是,这一精度要低于俄罗斯其他先进导弹的精度。

“圆锤”潜射战略弹道导弹的研制成功,使俄罗斯的战略核打击力量大大增强,它克服了“白杨”导弹在发射的初始阶段易被美国卫星探测并遭受打击的缺陷,可以在大洋的任何位置发射,利用潜艇的隐蔽性能,实现突然的攻击。另外,新导弹的研制时间要比前几代导弹快了2~3年,这对于俄国内洲际弹道导弹制造业来说应该是个不小的奇迹。俄国防部长伊万诺夫称,“圆锤”导弹发射成功表明,俄海军能够在2007年将其正式装备到“北风之神”核动力弹道导弹潜艇上,这将使俄海军战略遏制能力有大幅度的提高。

负责此次发射试验的“德米特里·东斯科伊”号核动力弹道导弹潜艇属于“台风”级核动力弹道导弹潜艇首艇(编号TK-208),于1981年12月开始装备前苏联海军北方舰队,主要目的是与美国“俄亥俄”级核动力弹道导弹潜艇相抗衡。尽管它号称是世界上吨位最大的潜艇,但是该艇的噪音过大、机动性差,命中率低和维护费高等弊端直接影响了作战能力的发挥。鉴于此,1991年,该艇返回前苏联北德文斯克北方机器制

造厂，按照941U型方案进行改装，并被命名为“德米特里·东斯科伊”。“德米特里·东斯科伊”号潜艇先是接受了“轻舟”导弹的试验任务，随后又接受了“圆锤”导弹的试验任务。此次水下试射成功，为俄海军正在研制的“北风之神”潜艇安装“圆锤”导弹铺平道路，如果一切顺利的话，“北风之神”潜艇将于2007年正式装备俄海军。

众所周知，在潜射洲际弹道导弹方面，美海军全部采用固体燃料推进剂，而俄海军则以液体燃料推进剂为主。鉴于固体潜射洲际弹道导弹结构简单、重量轻和便于储备保管等因素，前苏联从70年代后期开始发展固体潜射洲际弹道导弹。与美海军固体潜射洲际弹道导弹相比，俄海军固体潜射洲际弹道导弹不仅在研制时间上滞后5~10年，而且在作战性能上略逊一筹。例如，在射程和发射重量基本相同的条件下，俄海军SS-N-20固体潜射洲际弹道导弹的重量，要超过美海军“三叉戟”Ⅳ

固体潜射洲际弹道导弹三分之一，而推力比其要小 30%~35%，从而影响了导弹机动性能的提高。此外，在研制时间上，俄海军 SS–N–20 导弹要比美海军“三叉戟”Ⅳ晚了大约 5 年的时间。固体燃料导弹在俄出现的较晚，作战性能和作战使用存在问题，至于采用固体燃料推进剂的“圆锤”的可靠性究竟如何，还有待观察。

尽管“白杨”–M 型洲际弹道导弹装备俄军战略火箭部队非常成功，但是在该型导弹基础上完成改进的“圆锤”新型潜射洲际弹道导弹能否克服上述存在的问题，以及俄海军“北风之神”级第四代核动力弹道导弹潜艇使用该型导弹能否撕破美国的 BMD 都是一个未知数。

目前，俄海军装备的固体潜射洲际弹道导弹约占海军整个潜射洲际弹道导弹的 6%。5 年之后，随着“圆锤”新型潜射洲际弹道导弹陆续服役，俄海军装备的固体潜射洲际弹道导弹约占海军整个潜射洲际弹道导弹 35%。如果说“北风之神”潜艇是俄海军战略核力量栋梁的话，那么，“圆锤”新型潜射洲际弹道导弹将是俄海军战略核力量的基石。“圆锤”新型潜射洲际弹道导弹能否撕破美国 BMD，人们将拭目以待。